U0396952

荒野时光

——一位地质学家来自格陵兰冰原边缘的手记

A Wilder Time:
Notes from a Geologist at the Edge of the Greenland Ice

[美]威廉·E.格拉斯利

— 著 —

彭 颖

— 译 —

华东师范大学出版社
·上海·

图书在版编目（CIP）数据

荒野时光：一位地质学家来自格陵兰冰原边缘的手记 /（美）威廉·E. 格拉斯利著；彭颖译 . -- 上海：华东师范大学出版社 , 2022

（三棱镜译丛）

ISBN 978-7-5760-2838-6

Ⅰ . ①荒… Ⅱ . ①威… ②彭… Ⅲ . ①北极—普及读物 Ⅳ . ① P941.62-49

中国版本图书馆 CIP 数据核字 (2022) 第 153374 号

上海市版权局著作权合同登记 图字：09-2019-958 号

荒野时光

——一位地质学家来自格陵兰冰原边缘的手记

著　　者　[美] 威廉·E. 格拉斯利
译　　者　彭　颖
责任编辑　朱华华　张婷婷
责任校对　江小华
装帧设计　刘怡霖

出版发行　华东师范大学出版社
社　　址　上海市中山北路 3663 号 邮编 200062
网　　址　www.ecnupress.com.cn
电　　话　021-60821666　行政传真 021-62572105
客服电话　021-62865537 门市（邮购）电话 021-62869887
地　　址　上海市中山北路 3663 号华东师范大学校内先锋路口
网　　店　http://hdsdcbs.tmall.com

印 刷 者　上海锦佳印刷有限公司
开　　本　890毫米 × 1240毫米 1/32
印　　张　6.25
字　　数　117千字
版　　次　2022 年 10 月第 1 版
印　　次　2022 年 10 月第 1 次
书　　号　ISBN 978-7-5760-2838-6
定　　价　58.00 元

出 版 人　王　焰

（如发现本版图书有印订质量问题，请寄回本社客服中心调换或电话 021-62865537 联系）

致凯·索伦森和约翰·科斯格德，

他们的友谊、真心和精神使阿尔法小队得以实现；

也感谢妮娜，她促使我迎来了这一时刻。

万物都是崇高的，抑或并无一物崇高。

——凯瑟琳·拉森（Katherine Larson）

你并非走进了这个世界。

你是从这个世界里走出来的，如同大海中的一阵波浪。

在这里，你不是一个陌生人。

——艾伦·沃茨（Alan Watts）

目　录

前　言

　　无论是全新的相遇还是旧日的相识，目的地都笼罩在想象的风景之中。我们出发时满怀希望，期待着冒险得以实现，想象着能够通向那些害怕遇见却又暗自盼望面对的事物。我们认为目的地就是旅程的终点，但现实却很少如此。目的地也可能演变成吞没期望的大门，使我们沉浸于不可思议之境。当我踏上格陵兰荒野之旅时，就是这样一种感受。

　　对地质学家来说，格陵兰岛是一个梦想。冰原后退的速度超过了植物扎根的速度，后退的过程则暴露出了几千年来承载着它的光滑的基岩底板。被打磨光滑的基岩底板在阳光下闪闪发光，强烈得引人注目，展现出一种意料之外的艺术，供人观赏。

　　岩石竟可以流动，这一点总是让人惊讶，而这些露头岩石中显露出的图案远远超出了人们想象，毫无疑问地证明了陆地中心的流动性几乎不亚于水。一层又一层的岩石，有的薄不过一英寸的几分之一，有的却比房子还厚，被染成了各种各样的颜色：大地色、灰白色、绿色、蓝黑色、红色，它们相互重叠、挤压和膨胀，被拉伸得如纸一般薄，然后又重新变厚，讲述着我们无比渴望了解但又几乎无法读懂的故事。

我与两位丹麦地质学家——凯·索伦森（Kai Sørensen）和约翰·科斯格德（John Korstgård）一起前往格陵兰岛，以求揭开这些谜团。我们在世界上最原始的一片荒野上露营了几周，漫步在两万平方英里的土地上，手脚并用地俯身爬过那些露头岩石，努力将各种零散的线索拼凑成可能的故事情节。这是鉴证科学的极致，在数百种不同的方法、技术和零散的逻辑论证基础上，整合形成了一个连贯的故事，几乎涵盖了整段无关人类的地球历史。

我们的研究，以及同行们自20世纪40年代以来所做的那些研究，提供的仅仅是对于这段历史的最基本概述。我们只知道这个奥秘涉及生命、岩石以及由它们编织的共生关系，除此之外，我们对其余内容几乎并无了解。如果用一本书来打比方，那么书的封面基本还算完整，可是各章的字迹几乎都褪色消失了。

研究成果如此之少，并不足为奇。这一区域位于北极圈之上，因此一年中只有几个月的时间可以拥有日光照射和足够暖和的温度进行露营。该地区位置偏远，需要对进出荒野的交通做好特殊安排，也对物流运输方面提出了挑战。这是一片广阔的土地，充满了尚未开发的景观；只有少数的细节得到了确认。

迄今为止，这个区域显露出的是一个诱人的谜团。基岩中保存着模糊的暗示，即在 20 亿到 35 亿年前的某个时间段里发生了多次造山运动。其中最近一次造山的规模可能极为巨大，或许已然预示了喜马拉雅山脉的形成。种种证据显示，这里曾经存在过沿着巨大断层运动的、可以与安第斯山脉媲美的火山系统，以及大西洋大小的海洋盆地。如今，这一切都已消失，被吞没于地球进化的前行道路上。很少有观测结果支持这些看法，数据也很难解读。

这门科学所依据的基本假设并不确定，使得该研究面临的挑战愈加复杂。关于地球当今进程的所有地质研究都以板块构造说为基础。板块构造说将地球定义为一个动态的行星，其中来自其内部深处的热能推动了 12 个大洋和大陆地壳板块在地表的缓慢迁移。板块碰撞时形成山脉，而板块分离时形成地壳——这种地壳创建和破坏过程的连贯性满足了一个自给自足系统的要求，就像一种零和博弈。有已得到公认并被接受的证据表明，这一持续运行的过程可追溯到 9 亿年前。至于在那之前的年代，证据则是含糊不清的，而且存在激烈争议。格陵兰岛的岩石远比那个时期古老得多，因此对于如何解释我们的所见及其原动力，我们仍然没有把握。

我们研究的岩石来自一个过渡时期。生命体虽然柔软而纤弱，却一直是地球上最强大的化学物质。我们星球的大气是其呼吸的产物，海洋和河流的成分是其新陈代谢的结果，甚至连各个大洲都是它的产物——38亿年前，光合作用的残余产物混入到地幔中，促使其深部渗出的熔岩融化，并逐渐成为我们踩在脚下的大地。[①]这一切究竟是发生于板块构造开始的时候，抑或板块构造是更晚发生的现象，由我们未知的某种能量活动过程所预先决定？我们收集和研究的岩石保存了这个问题的答案。

我们展开研究的地方是一片鲜为人知的边缘地带，从格陵兰冰原边缘向西延伸了一百英里。尽管我们的科学兴趣纯粹是学术性的，但我们所经历的体验是近乎神秘的。置身于世界上最大的连绵荒野之一，我们一度扎营数周，完完全全地独处，自愿与其他人类相隔绝，在天地间不受阻挡地漫步和航行，而这个世界在绝大多数时候从未经历过人类的存在。我们采样、拍照并测量那些几乎保留了这个星球整段历史的难以捉摸的古老基岩。尽管荒野粗犷而严酷，但那荒野的表面却被美丽的基岩所包围，展示了一个蓬勃进化的世界。

---

① M. Rosing, et al. The rise of continents—an essay on the geologic consequences of photosynthesis. *Palaeogeography*, *Palaeoclimatology*, *Palaeoecology*, 2006, 232 (4): 99–113.

在一块块露头岩石之间徘徊和航行，沉浸在荒野的宏伟之中，使得日常生活变成了一种谦卑的习惯。时间断裂，使人的感知力日渐退化。观赏冰原、梦境般的峡湾（fjord）水域、岩石间的狭径（defile）和平原苔原（tundra）成为一种面对难以理解事物的反复体验，每个事物都表达了生存的微妙本质，只有身临其境才能了解。都市生活产生的怀有偏见的期待与荒野景观中纯粹的基岩之间，存在着几乎无法逾越的鸿沟。如此的纯粹于我是陌生和无知的，这种感觉无法逃避而又令人震惊。

现在我明白了，荒野不但是一片土地，也是一个故事。原始的大地提供了灵感，并以在其他任何地方都无法构想的谜团和联系来激发我们的想象力。它们丰富的深度和结构的复杂性超出了惯常的经验。荒野是我们视为灵魂的原始之心，因此，必须将它视为一个家园。于我而言，格陵兰的风景就体现了这个道理。有点讽刺意味的是，也许正是对客观定量观测的追求，才揭示出了这些野外之地所蕴含的情感真相。

荒野（wilderness）一词源自古英语单词 wildēornes①，意为"只有野生动物才能生存的地方"。这个词的言下之意也表明了，

①　这一单词的发音尚不清楚，因为近 900 年来该语言再未被普遍使用。一些人认为，如果对讲现代英语的人说古英语，他们可能还是可以听懂的。

在这样的地方，人类的生存注定就是一场斗争。这个地方并不容易让人定居、耕种、组建家庭或与朋友共度良宵。这些只有动物生存的荒野成了边境线，人类可以在这些土地上徘徊，但可能无法在此生活。荒野并不欢迎人类的到来。在这里，人类可能会成为猎物。

曾经，荒野无处不在，这是我们人类诞生之初的流浪环境。许多语言中都缺乏表述荒野的词汇，因为它仅仅是作为生存背景而存在——没有必要将其命名。现在，我们不再是流浪者了——在过去的 1000 年里，我们开始为荒野命名，因为它快要消失了。我们如同一场巨大的海啸般席卷了地球表面，越来越多的人口充斥了这个世界，同时不断试探着去体验深入荒野的可能性。在 35 年内，地球上的人口将从 70 亿增加到 100 多亿。这样一来，荒野将被动地后退，带走我们想要了解自身真正起源的唯一机会。如果不赶紧去接受荒野之地的馈赠，我们将失去衬托着人类的自然世界。可悲的是，即使这一切如此明显，我们却几乎不曾注意。我可以证明这个事实——我已在无意中见证了这样的失去。

一天晚上，趁着凯在做饭，而约翰在整理笔记，我沿着小营地北边的海岸散步，想找个安静的地方思考这一天的事情。我徒步穿过了一个低矮的山脊，意想不到地发现了一处不起眼的海湾。海湾潮水很低；细小的浪花轻轻地拍打着湾口。我往下走向狭窄的海滩，那里缓缓涌动着非常微小的涟漪，它们自远处的小波涛而来，越过了海湾肥沃淤泥上的湿润薄膜。冰山漂浮在更远的冰川水域。云朵底部斑驳的粉灰色亮光反射在勉强没过沉积物的水面上。这是一出怎样的小小戏剧！它创造于遐想之中：想象着一双双眼睛与潜伏的生物隐藏在数百块巨石投下的黑色阴影里，那些巨石直径从几英寸到几英尺不等，散落在海湾裸露的地面上。有好长一段时间，我安然地沉浸于这丰富的景色里。但慢慢地，某个不协调的事物开始扰乱这一时刻——一个潜藏在我眼前所见景色之下的东西。当我把注意力集中在巨石上时，我看到了一件奇怪的事：一块石头顶上巧妙地架起了一个小小的苔原丘。几英尺厚的一层苔原丘，顶端平坦，上面长满了高高的草，看起来好像是有人把它放在那儿似的。我想要弄明白是怎么回事，这才发现每块超过一定大小的巨石上都有一个和那块小苔原丘完全相同的复制品，每一块苔原覆盖的平顶距离地面的高度完全相同。

我惊呆了，意识到每一簇小苔原都是苔原平原的侵蚀遗迹（relict），在最近过去的一段时间里，苔原平原一直延伸到了海湾边缘。但是，不断上升的海平面已经吞噬了植物遗留下的微妙痕迹，以及曾经定义陆地的边界——潮汐的调和。荒野的边缘，几乎未做抵抗，就悄无声息地退却到了一个我们不知不觉中正在塑造的全新未来之中。

荒野消失后，即使是那个对于气候变化的力量能做出自然反应的地方，所留下的记忆和印象也只是关于荒野的质地及形式、沉默与尖叫、气息和味道。我们将失去自己对于宇宙精神意义的唯一参照点。

随着时间的流逝，当我在西格陵兰的荒野中与约翰和凯露营时，城市的喧嚣逐渐消退成了模糊的记忆，而我们的自我成为景观的一部分。灵魂外部和内部之间存在的界限被消解了。我们这些个体究竟是谁、是什么，成了与地球如何演变共通的问题。我们这些科学家去往那里研究和解决的课题，融入了我们对于这片土地强烈体验的背景之中。

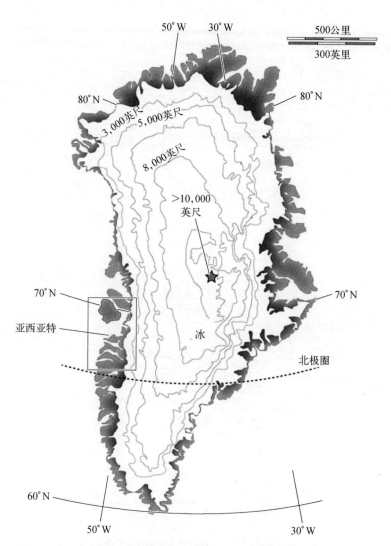

格陵兰岛。深灰色部分表示冰的厚度和陆地面积，方框处包含了我们的研究区域。

我们的研究区域。虚线标记了内陆冰盖的边缘。

导　语

　　格陵兰岛，这片地球上最为广阔辽远、绵延不绝的荒野地区之一，大部分仍然掩埋于冰雪之下。而未被冰雪覆盖的地方，其景观与其说是某个地点，不如说是一种体验。各种边界，无论是真实的抑或是想象的、有名的或是无名的，在这里都溶成了无尽的可能性，一切感官会变得极为敏锐，会因为荒野本身的原始纯粹而愈加清晰。格陵兰的大地拥有如此丰富的历史，似乎只需踏足其上就可以让人看清现实。

　　若用简单的事实表述，格陵兰岛的客观意义值得深思。这片边缘为岩石的冰原，如果平移到北美西部，纵向延伸将超出美国的南北国界，横向几乎能从旧金山跨越到丹佛。格陵兰岛超过 80% 的面积被埋在北半球唯一的永久冰盖之下；冰层最厚的地方其深度超过一万英尺，储存的淡水量占全球 10% 以上；冰盖的顶峰高达海拔一万两千多英尺。

　　格陵兰岛的一大半延伸至北极圈以北。它是地球上人类定居的最后一块主要陆地，第一批居民大约在 4500 年前到达这里。作为世界上人口最少的地区，它特点鲜明，是世界银行数据库中唯一列出的每平方公里零人口的国家（该数据库的所有统计数据均取整数显示）。对于美国而言，这一指标是每平方公里 35 人；而英国的数据则是 265 人。这里 60000 人不到的永久居民中，大多数都隶属于因纽特人文化。最大的城镇是努克（Nuuk），有 16500 人。整个岛上的城镇、村庄、社区和定居点总共仅有 78 个，其中一些地方的居民尚不足 50 人。因纽特当地文化将他们的国家称为卡拉利特·努纳特（Kalaallit Nunaat）。

格陵兰岛的文化深受其捕鱼和狩猎传统的浸染，数百年来可持续地传承至今。海豹和驯鹿是人们不可或缺的主食，它们既保证了营养，也为服装和有限的贸易提供了原材料；个人从事的狩猎活动也是其自给自足的生活方式的一部分。因纽特原住民的艺术、摄影、文学和流传的神话静静地展现了他们的家园和传统习俗。但是由于没有任何一种主导的资本交易，很少会有外来者到访或是得以见证它的种种变化。

各国都在经济、道德和野生世界的复杂交互关系中权衡，这种来自远方的决策的涟漪效应甚至延伸到了格陵兰岛这样一个遥远的地方。1983 年，为了回应加拿大对残酷的商业捕猎海豹幼崽的关注，欧洲经济共同体禁止海豹皮交易，随后欧盟于 2009 年禁止海豹产品贸易。禁令影响深远，但其中一些后果并非人们的本意。禁止出售海豹皮和其他产品的收入损失摧毁了格陵兰岛因纽特人的狩猎业。海豹交易市场的绝迹使得海豹捕猎减少，进而导致海豹种群爆炸式增长。鱼类捕食者的数量激增，鱼类种群数量则随之下降，这些影响了因纽特人生存方式的组成部分。即使最近禁令已进行部分修改——允许因纽特人从事可持续的海豹捕猎，但对其收入的影响也是巨大的。今天，格陵兰岛的经济约有 60% 依赖于丹麦王国每年整笔补助金的支持，因为格陵兰也是该国的独立成员。如今格陵兰仍然是一个在努力恢复可持续生存的地区，但（由于之前的种种影响，）加之现在气候日益变化的复杂性，其面临的挑战十分艰巨。

以下是我六次远征格陵兰大地的探险经历。故事将从三个部分展现，每一部分都包含了一系列改变我认知的感官体验。"分离（fractionation）"记录了种种期望的幻灭，以及相关经验暴露出的我对所经之地是多么的无知；"融合"描述了我逐渐接受现实的过程，身为一个有机体物理进化的产物，无知也是我的意识的一个组成部分；"显现"源自一些小小的顿悟，关于我们的生存之地，以及我们对于这个世界可知和不可知的部分。

我们在这个世界上占有一席之地，这意味着责任，但也并不代表太多意义。荒野的雄伟力量，在于它能够通过不经意的进化过程中那无与伦比的美，来传达表面上的矛盾。面对人类造成的气候变化，荒野必须做出回应，而荒野自身的重建过程就展现了我们对其面貌塑造的影响。

　　这本书并未按照时间顺序撰写。那些令人改变观念的体验以奇怪的方式积累起来，这些方式是私人的，而且往往最初未被理解。一种新的观察方式是点点滴滴逐渐重建的。每种洞见或是转变的认知都在填补着一张无穷无尽的永恒挂毯的空隙。

　　荒野以全然坦诚的姿态诉说。进入这样的空间时，我们拥有的每个信念和想象也会反映于我们自身，不过这种方式可能难以觉察。我写这本书是希望真正原始的荒野的价值会激发人们对它的保护，毕竟在这里可以感受到我们每个人是如何融入这个宏大浩渺的宇宙的。如果我们失去荒野，不论是作为个人还是作为一个物种，就几乎再无可能寻找到我们的根。

印象之一

美丽本身只是无限的合理形象。

——乔治·班克罗夫特①

我们所看到的一切只是表面，我们所认为的体验源自光线反射，那是事物流变至今并在瞬间凝聚为当下所见形状的产物。生命教会我们从这种印象中提取其质地和形态、重量与温度。

但是，那些在宇宙的表层下静静地存在着、构成我们感觉的东西是什么呢？我们探索星体，想了解为什么太阳升起，为什么冬天来临，为什么我们终会死去。然而，在每个答案和见解中我们发现的是一个更深层次的问题，一个潜藏的复杂体，其中的那些谜团只能满足我们的想象。通过这些片段，我们构

---

① 乔治·班克罗夫特（George Bancroft, 1800—1891），美国历史学家，著有 10 卷本《美国史》，被誉为"美国历史之父"。——译者

建了一个关于这个世界组成部分的知识体系，我们每个人也构建了一个独特的框架，它成为个人生活的背景，而各种意义的概念就被加诸这个框架之上。

在此过程中我们已经认识到，生命是一股不可阻挡的力量，它不断地发展，最终思想从宇宙尘与时间中显现出来。尽管这一启示的意义令人惊惶，然而我们也发现，以宇宙的角度观之，我们只是一个微不足道的事件。这条熵之河流源自近 140 亿年前的一个不可思议的开始，一路奔腾而来，而我们不过是其中的一块斑点。我们沉迷于一个可能由星辰讲述的故事，但仍然无法理解它的梗概。我们漫步在格陵兰的风景中，寻找被石头割裂的历史，希望会有一点洞见闪现其中，揭示出某些值得珍视的东西。

分　离

　　在这段小小的旅程中，有件事给我们留下了深刻的印象：这个伟大的世界消失得很快。战争和经济动荡带来的恐惧、暴烈和传染性消失了。我们身后留下的那些非常重要的事情其实无关紧要。那些事情一定具有某种感染特质。我们已经失去了病毒，要么就是它被悄无声息的抗体吞噬了。我们的步伐已经大大放缓；我们日常世界里数十万次的小反应已被减少到所剩无几。

——约翰·斯坦贝克[1]

---

[1] 约翰·斯坦贝克（John Steinbeck，1902—1968），美国作家，曾于 1962 年获诺贝尔文学奖。引文节选自《科尔特斯海航行日志》（*The Log from the Sea of Cortez*），记述了他在 1940 年与其海洋生物学家友人的科考旅行。——译者

寂　静

　　把我们带进这里的船是一艘丹麦和格陵兰岛地质调查局租用的拖网渔船。船体是淡蓝色的，饱经沧桑的涂漆驾驶室刚好可以挤进两个人，破旧的木甲板上堆放了几个背包、板条箱、帐篷、几袋新鲜食品和我们这次小探险需要的其他装备。约翰、凯和我在位于迪斯科湾（Disko Bugt）南部边缘的西格陵兰亚西亚特镇（Aasiaat）上了船。亚西亚特是格陵兰岛最大的城镇之一，人口超过 3100。穿过这里的每条街道、路过每所房屋，也不过只需一个夏日午后的几个小时。

　　在彼得船长的密切注视下，我们花了半个小时装载拖网渔船，在驶向冰山水域前固定好装备并进行盘点。这趟航程要花费几个小时，有两个铺位紧紧地固定在舱壁上，所以我们轮流在狭小的船头水手舱里打盹儿。透过船体三英寸厚的橡木板可以听到海水哗哗流过的声音。我睡了大约一个小时，然后又回到甲板上观赏风景。

　　空气凉爽无风，阴云密布的天空之下，水面好似玻璃一般。鲸偶尔会在远处浮现，捕食水面上的小鱼群。我们经过了一些小岛礁，其中一些岛上还有被主人留在那里过夏的成群哈士奇。那些雪橇犬几乎未褪去野性。

我倚靠在斑驳的栏杆上，如痴如醉，背景音则是二冲程柴油机突突的冲击作响声。我穿着户外衬衫、毛衣和羊毛外套，还把一顶羊毛的无檐便帽拉下来盖住了耳朵；我的身体抵御着40华氏度①的寒意。

随着一个个岛屿从我身边掠过，那个渐行渐远的世界被一种出乎意料的焦虑拉扯着。数月以来我一直在盼望这次探险，期待与老朋友共同分享在这片几乎未被开发的土地上一定会有的每日新发现。可是一股痛苦的悲伤压过了这种兴奋——未来几个月我将看不到我的妻子和女儿，也听不到她们的声音，家庭生活的甜蜜乐趣消失了，那些小小的惬意时光——大家一起做饭、分享电影、看报纸，和朋友聚会大笑，送妮娜去坐学校的巴士——都消失了。

这时候大副走了过来，靠在我旁边的栏杆上，打断了我的沉思。他一头乱蓬蓬的沙色头发，饱经风霜的脸上，碧蓝的双眼闪烁着光芒。他的鼻子宽而平，清楚地表明他是个有故事的人。他的英语很标准，但带着点让我意外的口音。

"所以说，你们来这儿干什么呢？"他问道。尽管天气寒冷，但他还是只穿了短袖 T 恤和牛仔裤。

"我们是地质学家，"我说，表情很快恢复了平静，"我们来

① 此处温度为华氏计量，约 4.4 摄氏度。——译者

这里研究岩石。"

他想了一下，接着说："嗯。来找金子的吗？"

"不，只是对岩石的历史感兴趣。"

他点点头，撅起了嘴唇。

"那个为什么会有意思？"他漫不经心地问道。他并没有看我，而是将目光流连于缓缓掠过的风景。

我解释说，一些有争议的证据表明，大约 20 亿年前，这里曾存在过一个规模相当于喜马拉雅山或者阿尔卑斯山的山系。现在这里剩下的一切都只是隐蔽的线索，这些线索可能会在古老山系的深层根基中保存下来。而经过这么久的时间，侵蚀风化已经将这些潜藏的根基带到了地表，我们可以去那里进行研究，看看这个故事是否真实。

"在这儿有那样的山脉？真是太神奇了……难以置信。"他说道，与此同时我们正看着眼前流动的景观，并没有丝毫痕迹显示 K2 峰①、艾格峰②或是珠穆朗玛峰曾在那里高耸矗立过。

"你是哪里人？"我问道。他那盎格鲁人的肤色和口音显然说明他并不是在格陵兰出生和成长的。

---

① K2 峰，即乔戈里峰，海拔 8611 米，"K"指喀喇昆仑山，"2"表示它是喀喇昆仑山脉上第二座被考察的山峰，是世界第二高峰，海拔仅次于珠穆朗玛峰。

② 艾格峰，位于瑞士境内，隶属阿尔卑斯山脉，海拔 3 970 米，是世界上最险峻的高峰之一。

"悉尼。五年前我带着女朋友来这儿，我们当时只是游客，但因为这里太美就留了下来。我遇到过彼得几回，也挺喜欢他。他是瑞典人，在这儿待了 25 年，2 月份回去探望家人了，但他一定会再回到这里——去别的地方住他受不了。我们来这里的第一年，在他回国时帮忙照看了他的房子。他回来以后，在自己的船上给我找了份活干，我就接受了。"

他眺望了水面片刻，然后说："我可不能回澳大利亚。太热了。"说完，他笑了起来，继续正色道："我喜欢这里的生活。自由又开放。其他地方的人太多了……这里的人们互相照应。不过他们明白真正重要的东西在外面的地方。"他冲着地平线挥了挥手，"这里有一种平静，一种我在别处从未见过的空旷……我现在舍不得放弃这一切。我女朋友也做不到。现在这里就是我们的家了。"

我看着眼前的风景，很想知道他眺望此景的感受。我喜欢旧金山湾区的邻里、街道、咖啡馆以及小商店，但与他对这地方的激情相比，我的这种情感联系显然太过平淡。

过了好久，没人再说一句话。然后他推了把栏杆起身，说："我得回去工作了。彼得给我发工资，我要是在船上无所事事，他可不会乐意。祝你好运。希望你能在那边发现想要寻找的东西。"他和我握了握手，走开了。

　　而在成功的那一刻到来之前，准备的过程是极其漫长的，持续了很多年，也跨越了半个地球。大概 30 年前，我在挪威奥斯陆遇见了凯·索伦森。他来自丹麦，刚逃离了一个牵扯爱情与友情的复杂局面，同时试图在地质研究中追求自己的科学生涯。他来到我所在的研究所，想找到一个精神避难所，在这里他可以安静地继续他的研究，同时重建他的生活。

　　我自己当时也在寻求改变。我刚离了婚，开始了一段新的关系，也拿到了我的博士学位。面对在挪威寻求新研究方向的机会，我毫不犹豫地接受了。我渴望有个地方能够重新开始。我在奥斯陆一个人也不认识，这让我有可能过上修士般的清净生活，这个宁静的世界可以让我沉浸在我刚刚开始理解的一门科学中，逃离过去的复杂的感情生活。我们在情感和文化上的无常际遇颇为相似，这给我们带来许多共同话题。我们合租了一间公寓，也发展出了亲密的友谊。最终，第三个人，朱利安·皮尔斯（Julian Pearce）加入了我们，他的人生道路在很多方面也与我们很像。我们三个人组成了一个奇怪的异国友人大家庭。每天早上，我们乘坐公共汽车前往研究所，中午在三楼地质学家的公共餐桌上吃午饭，晚上乘车回来轮流做晚餐。晚饭后，我们会先玩红心大战（一种纸牌游戏），我几乎总是输；再用凯的音响听音乐剧《歌厅》和《耶稣基督万世巨星》的原声歌曲，喝几口加了一两杯利尼威士忌①的咖啡。在那样一个临时环境中，我们找到了稳定之感。

　　越来越强烈的兴奋感激发了我改变研究方向的愿望，这是我开始地质研究时根本预想不到的。开始论文工作的最初几年，我研究的是华盛顿州奥林匹克半岛相对短暂的 6000 万年的地质历史，我慢慢开始认识到地球进化过程中难以理解的宏大和壮美。基岩支柱的地貌景观生动地阐述了这种不可阻挡但又难以想象的缓慢动力，令我深受震撼。体验更远古时代的尚未被发现和认识的那些历史实在激动人心，让我越来越着迷。而挪威的工作岗位为我提供了一个机会，可以解决比我的论文研究思考得更深刻的问题。奥斯陆研究所的工作是个着眼于解决基础问题的机会，例如某些类型的岩石埋藏于地表之下数十英里的地方，它们如何与其他岩石交换化合物。这虽然是一个深奥的学术问题，除了少数几位散布在世界各地的研究人员之外，其他人几乎没什么兴趣，但它也让我有机会深入研究事关全球意义的问题，即使其影响范围几乎微不足道。

　　参与这些研究的同时，凯会给我讲述他在西格陵兰岛一片历史复杂的古老岩石之地工作时的那些引人入胜的故事。故事

① 利尼威士忌（Linie aquavit），挪威特产的威士忌品牌，又被称为赤道之酒。

的背景在格陵兰冰原边缘这样一个我一无所知的地方，它深深地引起了我的兴趣。他描述了超过 20 亿年历史的岩石中的神秘纹理，看起来这些纹理记录的事件非常类似于今天喜马拉雅山脉或阿尔卑斯山脉地表附近发生的事。格陵兰岛的古老事件似乎发生在地表以下数英里处，它可能保留了一些线索，就像现在这些山脉的崎岖高峰之下的深处正记录着今天发生的事情一样。但是那时候并没有明显的板块构造背景来解释这些观测——那些岩石太古老了，而且对于那些远古的时代而言，除了空洞的假设之外，其他一切我们都知之甚少。

凯的专长是结构地质学，这意味着他将注意力集中在岩层的形状、纹理和方向上。他和同事们得出的结论是，该地区是一个复杂的区域，看起来这个大陆已经完全断裂，其中一部分在山脉形成后不久就发生了滑动，超出另一部分长达数十甚至数百英里。这是一片剧烈变形的区域。

而我的学术背景可以为他们的结构研究进行补充，提供岩石在经历极端变形时所经历的温度和压力的细节。我的专长在于变质过程，这意味着利用岩石中的矿物质来破译它们经受的高温以及它们深入大地并再次浮现的路径。在实验室里借助显微镜、X 射线光谱仪和电子束，我可以从岩石中梳理出它们穿越漫长时光、深入地下又重回地表的旅程。就在回美国前，我说服凯让我在实验室研究他收集的岩石，希望有朝一日这能够让我去到那个地方。

最后，我和约翰·科斯格德成了朋友，他是凯的同事，本来是一名结构地质学家，但在地球化学和矿物学方面也拥有丰富的经验。我们三人组成了一支优秀的团队。

几年后，我们获得了前往格陵兰的经费资助，然后在那里一起工作，享受我们的合作。在近十年中，我们追求着共同的兴趣，发表了一些论文，并在会议上进行联合演讲。但随着时间的推移，我们被不同的职业道路和生活选择分散了注意力。到了20世纪90年代末，我们只是偶尔联络，而格陵兰岛上的工作也成了一段美好的回忆。

出乎意料的是，2000年凯又联系了我，提出了一项新的探险计划。那时候，他参与了丹麦和格陵兰岛地质调查局的项目，该机构正在赞助一项西格陵兰岛的区域研究。他问我是否有兴趣加入他和约翰在那边的新工作。这将是一个拓展我们之前研究工作的好机会，可以延伸到我们先前由于预算和时间限制而无法探索的领域。他还顺便提到了关于他和其他人对强烈变形区意义的早期解释存在一些争议。解决这些争议也将是这次工作的一部分。

虽然当时我还没有直接参与格陵兰的研究，但纯粹出自个人兴趣，我一直在跟进发表的研究成果。我知道一些发表了的论文对历史的解释，与我从凯和约翰以及他们的一些同事那里了解到的东西不一致，但我没把它们当回事。我认为那些论文只不过提供了不同的思路，也因此没有得到学术界的认真对待。我并不知道争议的背后还隐藏着更深层次的个人冲突。

渴望回到格陵兰，渴望与约翰和凯再次密切合作，我毫不犹豫地抓住机会加入了他们的探险。这些年来，关于我们那些工作中未解决问题的记忆一直悄悄折磨着我。

站在船舷上，看着匆匆而过的小岛，我没有想到我们只是刚踏上旅程的第一站，这段旅程将一直延续到未来的十五年甚至更久。

当我们到达计划的大本营所在地时，船长将拖网渔船开进了一个小海湾，然后我们用一艘小划艇卸下那些装备。虽然来来回回要忙好几趟，但不出半小时光景，全部物资已堆放在了海滩上的一个小断崖脚下。一切安排妥当后，我们与大副和船长握手道别。

我们的露营地坐落在沿着阿赫费肖赫菲克（Arfersiorfik）峡湾北部海岸延伸的一条狭窄曲折的阶地上。我们位于内陆冰盖以西十英里，距离最近的因纽特人定居点六十英里，远远深入到了北极圈内部，太阳在几周内都不会落下。

一阵寒风吹过。我竖起了派克大衣的领子，把手塞进口袋里，然后爬到阶地的小断崖上目送拖网渔船离开。当这艘蓝色的小船缓缓驶离，向着文明世界返航，一股苦乐参杂的忧郁向我袭来。我们与现代世界的最后一丝实体联系就是那艘船，而随着螺旋桨下波浪的翻滚，这种联系正在逐渐消解。

我们所处的地貌，是长长的起伏的露头岩层、平原苔原、洼地、巨大的岩壁和冰川高峰。它与风光秀丽的约塞米蒂谷（Yosemite）颇有几分相似：壮观、简朴、美丽。细小的波浪拍击着由鹅卵石铺成的海岸，形成了一种有韵律的声音背景。

记忆里模糊的宁静体验，经过渴望回归的那些岁月，现在终于变成了现实。结晶的峡湾海水寒冷刺骨；海浪有节奏地拍打在石头上，长出危险而光滑的藻类；荒野世界的美不带有任何感情。一片被孤独、寂寞完全笼罩的土地，正如被傍晚的云层覆盖着的天空。

我从断崖走到我们堆放物品的岩石海滩，跟约翰和凯一起搬东西：食品盒、紧急无线电、帐篷、睡袋、背包、锤子、样品袋和笔记本，这是为期四周的探险的最基本的必需品。约翰和凯以他们独一无二的方式安排好了各种类型的供给品应该怎样堆叠在哪里，给这个荒野之地带来了一些秩序。

凯是我们的御用厨师。他健壮圆润的体格就说明了他对美食的令人愉快的尊重。他很爱笑，一边开玩笑说着我们会吃得多好，一边特意将一袋洋葱和土豆放在了烹饪器材旁边。大家打开各个食品盒，迅速检查盒里的内容，再决定将其放在炉子周围的什么位置。我们每个人都喜欢做饭，但对于凯来说，这是他灵魂的不可或缺的一部分。授予他为我们烹饪的特权，令所有人都颇为满意。

我们大部分的考察工作都集中在岸边的岩石上，这些岩石经过潮汐冲刷露出了干净的表面，我们可以研究其纹理和矿物质。这样的工作需要"十二宫号"——一艘舷外充气船的支持，它可以很容易地在岩石海滩上岸。我们当中尽职的机械师约翰毫不犹豫地承担了"十二宫号"船长的角色。他下巴上已长出了灰黑相间的胡茬，瘦削的、带有皱纹的脸庞让他看起来很符合船长这个身份。他个子比凯和我都要高，带着点冷淡的气质和生涩的幽默感，五官隐约让人联想到默片时代的明星约翰·吉尔伯特（John Gilbert），整个人散发着一种与生俱来的权威感。他总是戴着一顶用来遮盖秃头的蓝色棒球帽，穿着件红色风衣。凯那浓重的丹麦口音显然说明了他是哪里人，然而约翰不一样，低沉的嗓音反映出他在加拿大生活的那些岁月，他的口音证明了文化的混杂。我和他们俩一起安置那些装备的时候，约翰指明了每个盒子应该放到哪里。

我们的家现在就是一块四分之一英里长、两百英尺宽的被苔原覆盖的岩石，靠近一条消失于冰下的西行山脊。北极傍晚的太阳正朝着西方的地平线落下，努力温暖着这个笼罩在厚厚云层和昏暗的暮光阴影之下的世界。

　　恒久的白昼是一种解放。虽然起初身体的昼夜生物钟会有点混乱，对于要不要睡觉的焦虑也会让人不安，但这些终究会归于一种意想不到的平静。夜晚那妨碍活动、限制视线的黑暗专制被驱逐了。钟表和时间变成了不必要的负担。脱离了时间的自由渗入了生活。我们开始习惯于凌晨两点在海滩上漫步，太阳映射在峡湾玻璃般的水面上，从背后照亮了翻涌的大团云层。午夜徘徊的北极狐悄悄地在松软的苔原上寻找食物，它的身影在苍白的光线中清晰可见，观赏这样的景象会让人欲罢不能。

　　拆包完毕，我们打算喝咖啡休息一下。凯把一壶水放在了嘶嘶作响的普里默斯煤油炉上，炉子则架在一块平坦的石头上。我们手里端着装了一勺雀巢速溶咖啡的红色塑料杯，站在那里等待水开，同时思索着周围突然变化的环境。就在二十四小时前，我们还在哥本哈根，这是世界上最繁华的城市之一。约翰在机场迎接我和凯，我们一起搭乘前往格陵兰岛的航班。与约翰见面前不久，我还在街边的咖啡馆里喝着卡布奇诺，享受着新港码头上游客的喧嚣。几天前我从旧金山飞过来，帮助凯为这次旅行的物资做最后的准备。而现在，我们与外界隔绝开来，"正常"日子里的一切都被去除，"正常"的定义也变得含糊不清。我们处于发现之旅的起点，将去领略前所未见的事物。大家的言谈笑语中无不透着兴奋之情。水终于煮沸了，凯把水倒进了我们的杯子里，浓郁的速溶咖啡香味飘散进北极的空气之中。

然而还有一股紧张的暗流在涌动。

"回来真好。"凯注视着峡湾，叹了口气。经过下午的劳动，他红润的脸庞闪闪发光。约翰面露淡淡笑意附和着，这几十年的时光确已成了过往。他正和凯望着同一个方向。我点点头，轻轻地"嗯"了一声。

峡湾对面大约五英里之外，一片小小的冰原在底部灰绿色和红褐色苔原的映衬下闪耀着洁白的光芒。我们心不在焉地看着它，思考着各种计划和可能的发现。最终，凯说起了很久以前提到过的争议。他瞥了一眼脚下被植物覆盖的地面，慢慢地跨了过去。他发表的地质历史解释与两代科研人员多年的研究观测结果发生了矛盾，说到这些他非常激动。他很快提到这样一个事实，即这些新结论只是基于野外的一个季节，也缺乏那些令早期研究获益的直接深入的检查。他说，我们的任务就是开辟新的领域，更加细致地关注各个具体地点和特征，这些可能会解决一系列显然相互矛盾的假设。

我问凯他指的是哪些论文。虽然我知道对于地质学的细枝末节存在着一些分歧——毕竟这是一门科学，而争论会带来真相——但我想不起哪篇具体的论文证明了这一点。

约翰说自己带来了这些论文，之后会拿出来的；他那男中音带着严肃的口吻。接着，他微笑起来，对我们面前的景象挥了挥手："我觉得此刻我们只要享受回到这里的快乐就好。"

大家谈论了几句这里令人惊叹的美景和神奇的感觉，但除了小玩笑和安静的点头之外，几乎并没有交流彼此真正的感受。我们都把情绪藏在了心里。休憩片刻之后，我们回去接着干活，搭建起了各自的帐篷。

到了十一点，经过 30 个小时的旅行和工作，大家已是筋疲力尽。我们互道晚安，走向自己的帐篷，钻进了睡袋。

虽然很快就睡着了，但不到一个钟头我又醒了过来。兴奋带来的紧张感让人难以再入眠。我爬出睡袋，穿上夹克外套和靴子，然后从帐篷里溜了出来。背上塞在帐篷雨篷下的小背包，我开辟了一条小路，沿着北边的山脊向上徒步，想寻找些许平静。午夜的太阳被云层遮蔽，透出昏黄的光线，让一切色彩和轮廓变得朦胧起来，但这景观的宏伟依然未减丝毫。

北极苔原，这幅由青草、苔藓、莎草、低矮植物和地衣构成的独特的有机拼贴画，通常被描绘得十分沉闷，仿佛就只有单调的颜色和纹理。但事实并非如此。苔原生物群系生长旺盛，形成了一种植物混杂体，一种充满了成功和可能性的进化混沌——像是一层深厚的天鹅绒，柔化了这个轮廓生硬的世界里的那些嶙峋的岩石边缘。

苔藓挤进了各种可能的空间。黑色、白色和橙色的地衣，边缘脆弱而卷曲，覆盖在裸露的岩石和树枝上呈现出花型。北极柳低矮而又参差不齐，因地制宜地散落分布，以静默傲然的姿态站立着——两英尺高，它们已经是这里最高的植物。到处都是白色、粉红色、紫色、红色和黄色的花朵，在灰绿色的世界里像是散落的闪闪发光的鲜艳宝石一样。一簇簇的棉花草，摇晃的八英寸茎秆上缀满着松软的白色绒毛，展示着一股优雅的自信。

每株植物都将根系扎进了不同祖先腐烂的残余物中，这些残余物是北极的一层生命肌体，包裹着数千代的有机残渣碎屑。它们蜷缩在洞穴里，覆盖在岩石上，积起小小的水洼，给这个冰冷的世界铺上了一层郁郁葱葱的潮湿地毯。

时间在这样的地方被冻结了。我说不出自己走进的是 21 世纪的风景，还是原始的冰河世纪。无法知晓时间也会迷惑人对地点的体验，让知觉陷入不安，就我而言，这让我觉得自己仿佛已经侵入了另一个世界。

当我到达第一块露头岩石时，一步步从厚厚的潮湿苔原中拔出湿漉漉的靴子已经让人疲惫不堪。我的心脏跳得厉害，呼吸也变得困难。靠在二十英尺高的石墙上，我努力喘气，在休息的同时，更加充分地去感受周围的一切。

这堵石墙并不稀奇，只是普通的灰质层和再结晶的片麻岩（gneiss），在接下来的几周内我们还将会看到很多。在一丛丛地衣群之间，裸露的岩石展示着各种元素。我拿出手持透镜，看着一块放大的镶满碎晶体的岩石表面：历经了数千年的寒冬冰雪和夏日降雨的发掘与雕凿，完美成形的晶体面和劈裂边缘形成了一种微小而粗糙的锋利感，与山脊基岩骨架的圆润表面构成了对比。

我爬上石墙顶只花了几分钟，费了些许力气，同时也付出了代价：我的指尖、手掌和指关节在短短的攀爬过程中流血了。我放下背包，拿出手套，戴在了受伤的手上。

站在石顶上，我抬起头，看到从营地望去还以为是山顶的山脊，实际只是山脊顶峰下面的几座山肩之一，山脊顶峰要高出我头顶几百英尺。原本短暂的徒步旅行即将变成长途跋涉。我深吸了一口气，背上背包，随即出发了。

穿越这片土地，其实就是沿着一个个水洼漫步，缓缓渗出的水流深深地染上了鞣酸的棕褐色，闪闪发光。有些水洼被圈进了枕状的深绿色苔藓之中，溪水涓涓汇入又流出，如梦游般，几乎不起波纹；有些小水洼只是吸满水的植被表面的轻微凹陷。我无法摆脱那种不安的感觉，就好像我闯入了某些隐形生物特意为了安静冥想而建造的私人花园。

飞蛾、蜘蛛和巨大的黄蜂突然冒出来，四处纷飞，然后又一瞬间消失了。这些飞虫快速穿梭于一朵又一朵花之间，它们拍打翅膀的气流让花朵晃动起来。但是，除了近距离的大黄蜂嗡嗡声的轰鸣，其他访客都悄然无声。

北极鹪鹩来了又走了，我的出现令它们紧张地担心起来。它们从藏身之处来到了苔原上，惊惧地试图转移我的注意力，担心我会洗劫它们的巢穴。其实它们没有什么可担心的——我根本找不到那些巧妙隐藏的由草叶树枝编织的窝。

当我登上两座小山肩，穿过中间的大片苔原继续向前走时，我开始担心我的靴子对这脆弱之地的影响。我的每一步似乎都是一种入侵，短暂的暴力侵略重重地砸在了数千年来未受打扰、兀自生长的土地上。我内疚地转身，想看看自己造成的伤害，却惊讶地发现并没有留下什么痕迹。我每落下一步，这个潮湿沉闷的世界就会因一个游荡凡人的出现而屈服，瞬间将其最私密的细节暴露于几个世纪以来未曾谋面的日光之下，但随着我抬起靴子，屈服的一切又恢复到其原始形式。在那个世界里，我的影响与午后的微风差不多大。

在我的最初印象里，生命在高纬度地区茁壮成长的能力挑战着常规的理性和逻辑。但随着我发现自己存在的渺小，很明显，是生命世界的强悍和坚韧决定了这个地方的理性和逻辑。我从另一个世界带来的偏见思维模式只不过是低级的宇宙噪音，是一些嘶嘶的背景声而已。我尚不明白自己有多无知。

大概 30 分钟后，我到达了最后一堵石墙。既筋疲力尽、满头大汗，又呼吸困难、双腿胀痛，我爬完了最后四十英尺的露头岩石。

山脊的顶端近乎荒芜，是一片广阔的圆形灰白片麻岩台地，上面零星散布着脆弱的地衣。我努力爬上顶点，放眼望去。

我瞬间屏住了呼吸。天际线之间是近百英里长的荒野，人迹未至，精美而脆弱。我有些眩晕，臣服地张开了双臂，缓缓转身，想努力看遍这壮美的景象。一股混杂的情感——悲伤、欢欣、自由、谦卑、痛苦——涌了上来，我的双眼已满是泪水。

我转向东方，惊讶地发现云层终结在大地的边缘，在那里汇入了冰盖中。这是某种神秘的大气现象，假若当天满足一系列条件，低垂在陆地和海洋上的云将会消散在反射的冰面上。明亮的深蓝色天空贴着冰面，在其裂缝表面勾勒出耀眼的白光。

从北到南，锐利的冰锋边缘曲折地穿过地面，在两个截然不同的世界之间划出了锯齿状的边界线。在一些地方，蓝白色冰崖拔地而起，绵延数英里，高达几百英尺，又逐渐让位于平缓的冰山和山谷，这些冰山和山谷略微倾斜，与岩石表面淡然相接。

与之相反，北面、西面和南面的景观混杂了峡湾、湖泊、河流和山脉。蜿蜒的水域映照着灰色的天空，而黑暗阴影中的土地陡然起伏，形成平行的尖锐山脊。冰封的基岩狭长地带向西延伸，指向远在西边地平线上的戴维斯海峡（Davis Strait）。流动的地形赋予了这里的景观一种动感，即使在完全静止的状态下，也会形成一些动态的感觉。

南边是我们先前航行经过的峡湾。那个峡湾和这里所有的峡湾一样被切割成了坚实的基岩，海水只能从数百甚至数千英尺高的石壁间的狭窄通道中流过。有些地方宽度超过五英里，而在其他地方则不到两英里。虽然我们的营地正好位于水边，但它隐藏在我刚爬过的第一个小山脊的背风处（lee）。

很长一阵子，我都沉浸在一种幻觉里，整个世界里仿佛已没有其他人存在，而我自己是孤身站在那个山脊上的人类灵魂，被周围一切令人眼花缭乱的野性深深迷住。当我怀着那种感觉站在那里，一种隐约的不安情绪浮现了，一种我在格陵兰岛期间反反复复出现的感觉。这种感觉本身并不是一股悲伤，更确切地说，这是一份对人类无法言说的事物的静默的渴望；但是身处荒野背景之下，这种渴望汹涌而来。我有一种错失各种机会的感觉，一种无法与深刻的东西相联结的感觉，好像我沉浸的天地就在视线尽头闪烁，我却又无法理解。

　　一万多年前，在上一个冰河时代，我驻足的景观被埋在数千英尺厚的冰下。每一座我目之所及的山谷和山脊，每一处小丘和狭径都曾是那片汹涌奔腾的冰冻水域的海底。这是一个后来形成的年轻景观，由古代的寒冰摩擦形成。随着冰河时代的消融而暴露出基岩，历经雕琢的土地为先锋植物提供了立足之地。四季变换，随着植物缓慢却不停地开花、枯萎和死亡，植物残骸扎进了冰楔状裂缝中，地衣附着在裸露的岩石上，尘埃落入了凹陷和不规则处，孕育出了一个无法想象的未来，其中就包括我们的小营地。

　　随着陆地植物在此生根，尼安德特人和新兴的克罗马农人可能已经登上过那些小丘和山脊，去寻找食物以及探路。但是他们不太可能在那个严酷的地方定居——南方以及更温暖海域那边的世界更加宜居。即便如此，凝视着一面面冰墙，我还是很难想象早期的人类会沿着它们走来走去。

　　这样的全景超出了人的理解范围。这里没有我们熟悉的事物，没有树木、房屋、街道、汽车或人，也毫无任何种类的运动——所有这一切让我觉得自己正独自行走在一个外星世界里，而不是地球上，这个行星上的自然之力和变化进程根据全然不同的规则运行着自己的剧本。

　　我站在这里越久，对这个地方的体验与我记忆里的格陵兰之间的冲突就越激烈。与从前一样，深刻的宁静感渗透了一切——曾经有一种行动和物质的统一体，一种持续不断的开创力量为万物塑型着色。然而，我还是觉得哪里不太对劲。

这时一只孤独的大黄蜂从我的耳边嗡嗡飞过，冲进山谷中，又消失了，忽然间我明白了那种脱节之感究竟是什么。尽管这个世界充满活力，但它仍然是一种全然的、深刻的静态。我突然意识到自己忘记的正是这里的寂静。

微风拂过我的脸，但我什么声音也听不见。遥远的河川流淌着，闪闪发光的水面随着水流隐约地起伏，但没有发出任何声音。我转向各个方向，努力去聆听，但什么都没有听到。

唯一可以听到的是原始世界的本性。40亿年前，在地球第一块土地的贫瘠表面上，除了罕见的狂风呼啸或火山爆发外，没有声音。同样地，在海洋或空中，除了海洋拍击大陆边缘，海浪冲刷着受侵蚀的沙地，寂静也会持续存在。事实上，在地球的大部分历史中，寂静统领着一切。

随着6亿多年前动物的出现，这种无声状态逐渐改变。鱼类游弋跃动，蜜蜂嗡嗡作响，恐龙咆哮怒吼，鸟儿唧唧喳喳，马儿嘶嘶鸣叫，最终人类说话歌唱。生命体给世界表面带来的嗡嗡声变得越来越复杂、越来越响亮，最终导致了我们城市的持续轰鸣声。

从我伫立之处，如果大喊或尖叫一声，声音将在浩瀚的荒野中被全部吞噬。这个世界是难以衡量的古老，保持着曾经出现又几乎消失的特征，它作为一个残留的飞地存在，以其特有的寂静讲述着我们的起源之歌。在那个难以想象的巨大全景中出现的是一份邀请，我们可以去拥抱任何事物和所有的一切。

我想在海角尽可能待得久一点，来努力寻找让自己思绪安静下来的方法。但是我的手脚都被冻得生疼，前一天的疲惫开始占据上风。披裹在荒野的外衣之下，我向着营地返回，尽力只专注于聆听。

第二天早上，我走进厨帐之前，先去了趟峡湾，只为听听岸边的水声，寻找与我们已远离的那个世界的一点联系。峡湾没有风，水面像玻璃一样闪闪发光。轻微的浪涌缓慢地波动起伏，并未搅动这片海角的一粒沙子。这里唯一的声音来自我自己。

我走到厨帐里，跟凯和约翰一起准备咖啡以及我们这趟考察旅程的第一顿早餐。我们翻找了各个食品箱，寻找看起来诱人的东西，因此每个人都吃上了一份自己特制的混合餐：罐装烟熏鱼、牛奶谷物、燕麦、奶粉、面包、糖和果酱。我们边吃饭边规划着这一天，但我没把自己的凌晨徒步告诉他们。现在不是让他们知道我喜欢独自漫游的时候。

蜃 景

我们在那里观察并收集任何可以证明地貌历史的样本——延展的晶体、折叠和扭曲的岩层以及任何其他构造运动的指示物。每次观察的地点以及采集样本的位置都被标注在了地图上，这样我们就可以实地拼凑出一个试验性的故事。我们收集的样品将被运回我们的实验室，在那里我们随后可以汇集出历史的其他方面——岩石的热度以及变形发生时岩石埋藏的深度。野外观察的结果与实验室的结果相结合，将为我们即将写下的数十亿年前发生的历史提供事实框架。

我们设想的山脉消失只是一些简单的可能性，它初步解释了格陵兰岛的岩石上粗钝的图案和轮廓所巧妙书写的段落。这些图案与阿尔卑斯山脉和喜马拉雅山脉的图案是一致的——这些区域似乎包含巨大的逆冲断层、体量巨大的褶皱以及极端条件下的变质。通过这样的类比启发，凯、约翰、他们的同事以及他们那些前辈都猜测格陵兰岛是一个古老的地貌的祖先，是今天如此戏剧性地高耸在地球表面的年轻山地系统的先驱。但格陵兰岛的祖先早已不复存在，已被不断冲击的流水、呼啸的大风和磨擦的冰块抹去了痕迹，从而达到了海洋与陆地之间地形的平衡。侵蚀永远是胜利的一方。

早在多年前，这些消失山脉的第一个明显迹象就出现了。第二次世界大战之后，格陵兰地质调查局（Greenland Geological Survey，GGU）在丹麦成立。在此机构工作的一小部分地质学家，包括阿奈·诺埃-尼高（Arne Noe-Nygaard）和汉斯·兰贝尔（Hans Ramberg），开始了对格陵兰岛西海岸的第一次系统研究。他们驾驶能抵抗冰块碰撞的加强版机动帆船，沿着复杂的海岸线航行，最终发现了一条长达两百英里的岩石带，它似乎保留了多次复杂的长期且剧烈变形的证据。这条岩石带被称为纳格苏格托克活动带（Nagssugtoqidian mobile belt），以其穿过的地区——纳格苏格托克（Nagssugtoq）命名。事实上那些岩石似乎被扭曲成极具可塑性和流动性的结构。活动带一直向西穿过格陵兰岛。虽然活动带似乎代表了一种主要的造山带或"造山"事件，但其形成方式或原因仍然是一个谜。穿过这片区域的是几个不同的地带，每个地带几英里到几十英里宽不等，其上岩石陡峭倾斜并且始终沿同一方向对齐。多年来，这些对齐的岩石地带的重要性仍然不清楚，其构造意义也不为人所知。但到了 20 世纪 60 年代末和 70 年代初，亚瑟·埃舍尔（Arthur Escher）和胡安·沃特森（Juan Watterson）等人已经提及了这个问题，他们认为这些地带包含着被严重剪切成陡峭而倾斜的平行板层的岩石。各个地带最终被统称为剪切带，并由它们所在的区域——伊索托克（Isortoq）、伊科托克（Ikertoq）、伊蒂夫德莱克（Itivdleq）和北斯特勒姆峡湾（Nordre Strømfjord）——逐一命名。后者，北斯特勒姆峡湾剪切带（Nodre Strømfjord Shear Zone，NSSZ）成为关注的焦点，因为它标志着整个纳格苏格托克活动带的北部边缘。这是唯一一个在冰面附近被观测了的地方——其他的剪切带只是在沿着海岸航行时被绘制出来的，它们的内陆范围是未知的。

地质学通常不会被视为一项富有戏剧性的事业。岩石淡漠地等待着被检查，通过富有洞见的考量，它们慢慢地提供了一个按照冰川的节奏渐进变化的故事。但是在某些情况下，观点会发生根本转变，新的故事线浮现，会震惊这个领域。

1987 年，就有这样的变化震撼了格陵兰岛的地质学界。尽管作用方式微妙，但它对所有参与者的影响都十分深刻。菲可·卡尔斯贝克（Feiko Kalsbeek）、鲍勃·皮金（Bob Pidgeon）和保罗·泰勒（Paul Taylor）报告了沿着活动带的北部边界、在靠近内陆冰块之处，发现了与安第斯山脉和加利福尼亚州内华达山脉相同类型的岩石残余物。①这些岩石证明，尽管早了将近两千万年，但如今安第斯山脉经历的事情也曾在格陵兰岛发生过。

----

① F. Kalsbeek, R. T. Pidgeon, and P. N. Taylor. Nagssugtoqidian mobile belt of West Greenland: a cryptic 1850 Ma suture between two Archaean continets——chemical and isotopic evidence. *Earth and Planetary Science Letters*, 1987, 85 (4): 365 - 385。

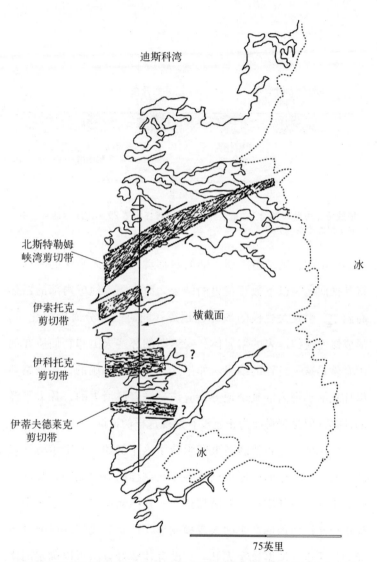

埃舍尔和沃特森的剪切带。箭头显示了推测的剪切带两侧的运动方向。图中竖线在显示了第 30 页横截面的位置。根据凯·索伦森的绘图修改。

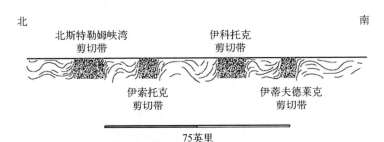

横截面（约为 1976 年），显示剪切带如何破坏如第 29 页图所示的岩石中其他轻微变形的分层。

安第斯山脉，则是南美洲大陆向西移动，越过太平洋的海床并将其推向地表以下数百英里的结果。海床陷入地球内部的白热高温中，引发大规模的破坏性地震；同时一部分海床熔化后，形成慢慢流回地表的熔岩体。安第斯的那些火山和它们所在的山脊就是这一过程的结果。如果这种类比是准确的，在纳格苏格托克活动带内的某个地方，应该隐藏着已消失的一片太平洋的证据，但是到目前为止还没有发现这样的证据。

卡尔斯贝克和他的同事们承认了这个谜团，并暗示海洋可能在两块小陆地的碰撞中已被吞噬。这样的概念能够解释活动带的重要性与其中的主要断层带——其结构反映了由于两个大陆正面碰撞而预期产生的大规模变形。但是有关实际碰撞区可能会在哪里，证据寥寥无几——没有什么好方法可以确定旧南部大陆的岩石终点的以及北部大陆的岩石起点的位置。而潜在的争论让这一不确定性更加复杂，即板块构造说是否会在那么久以前起作用。

约翰、凯以及他们同事的研究区域对这些问题的回答起着核心作用。他们阐述的证据表明，碰撞地带可能需要完全相同类型的大规模移动和变形，这些移动和变形或许就在他们工作过的区域内。

研究地球历史的人很少，涉及的地区却很广。我们了解的太少了。鉴于大陆覆盖的地形非常庞大，那些致力于揭开地貌演化之谜的人，终其一生都在寻找特定环境中的精妙差别和细微之处。有些人将自己的生命沉浸在阿尔卑斯山系的历史中，在这些美丽的山脉间攀登徒步；另一些人则着迷于喜马拉雅山脉，或者是广阔无垠的加拿大地盾①。对于约翰、凯和我来说，那个特定环境就是格陵兰岛。

不可避免地，对某个地方的专注会变得私人化——我们花时间行走过的地球上那些吸引我们的地方，会影响到我们的身份。我们所选择的地方会渗透进我们的身体，泥土会嵌入我们的指甲下面，缠结在头发上，撑破我们的皮肤，在我们的心灵和头脑中刻下伤痕。每一个有意识和无意识的思想都会被在那

① 加拿大地盾，地理学、地质学术语，它是北美洲板块最坚硬、最稳定的核心，又被称为前寒武纪地盾区，或者加拿大高地区，约占加拿大总面积的一半。——译者

里游荡时所了解的知识淹没；记忆中那个世界的景象会猝不及防地在某个时间以意想不到的方式显现，迫使我们接受自己在那里的经历与现在的生活之间的联系。我们正是由曾经那些所到之处与所见之景构成的。

约翰和凯都属于帮助完善格陵兰历史的一代先驱。他们与他们的同事详细描述了定义该土地的"移动"部分的特征——褶皱和剪切层、不连续的和被破坏的特征。多年来，他们绘制了主要的地质构造要素图，记录了沿着几个剪切带移动数英里的证据。他们在科学期刊上发表了受人尊敬的论文，这些成果也被权威人士认可。他们比任何人都更了解那片土地。但是到了20世纪90年代后期，他们作为野外地质学家和科学家的声誉受到了一篇论文的质疑，该论文说，从本质上讲，他们所做的研究有严重缺陷。

地质调查局之前已派出了几个小分队来到这片非常广阔的地区，并决定让各队每天早上和晚上都要通过无线电向位于亚西亚特的基站报备。如果有紧急情况发生，这样便于他们快速派遣直升机。那是我们通过无线电报到的第一年，也是最后一年，因为在之后的几年里，我们成了留在该地区的唯一队伍，也没理由再花钱运营基站了。到了这次探险的第二晚，我们遇到了身份危机。对于小队的第一次无线电报到，我们需要一个

自己的名称，这样我们就不会与该地区的其他人混淆。那一年
我们是最后一支进驻野外的队伍，也将会是最后一支离开的队
伍。在我们到达之前，每个小队都选好了一个报到的名字，我
们需要来点儿不一样的。

我们试图很快想出一个新潮的名字——呼叫时间就快到
了。那一刻到来时，约翰和我看着凯，耸了耸肩。凯嘟起嘴唇，
摁下了麦克风上的按钮，犹豫了一下，然后说道："阿尔法小队
呼叫基地，完毕。"

另一端停顿了一下；随后基地发来了回应："来吧，阿尔法
小队。欢迎！"

报备之后，我们问凯为什么要取阿尔法小队这个名字。他
说我们是这片地区年纪最大的人，所以我们就算是阿尔法男性
（alpha males）①。

之后，我们坐在厨帐里谈论接下来的计划和面临的挑战，
凯在一旁准备烧鸡——这将是我们在接下来的几周吃到的最后
一块新鲜肉了。我问起了前一天晚上聊天时似乎颇为激动的那
些话。很快，气氛变得严肃起来。约翰看着凯，凯点点头。约
翰伸手去翻那堆阅读材料，递给我一篇五年前发表的长达 17 页

① 英文中阿尔法男性（alpha male）指某一群体中最有权力的男子。——译者

的论文。

这篇论文断言，凯和约翰等人在解读岩石时犯了基础的和根本性的错误。这篇新发表的文章指出，北斯特勒姆峡湾剪切带几乎没有表示出明显运动的证据。文中说，由于一次集体的误读，一个基本微不足道的特征被错误地赋予了重大的构造意义。论文所配的地图中删除了"剪切带"这个词，取而代之的是"直带"。

科学是个麻烦的行业；我们所知道的一切，充其量只是对真实事物的简化，所以本质上总是有缺陷的。因此，我们所做的一切最终都需要修正，这意味着没有任何一篇已发表文献是完全正确的。每个科学家都有这样的预期，他或她发表的任何文章都将得到其他人的改进——这些人将提供更细微和详实的观察，以解决有关世界的问题。确实，关于地貌如何演变的故事一直在不断精进，能够成为其中的一块基石是一种荣幸。但就我正在读的这篇论文而言，不得不说事实就是它在总体上否定了凯和约翰的研究。

论文读到大约一半时，我停下来问他们是否同意文章所说的，认为他们对地质学的解释一直是错误的。"当然不是！"这是他们的回答。起初，他们的语气还是平静自持的。但很快，随着情绪愈发激动，他们指出了论文中的许多不一致和错误之处，那些根本的错误和误解已经超出了论文原本就并不准确的宗旨。但只有那些非常熟悉真实的岩石的人才会知道。

凯指了指一张显示着崖壁表面的水平层的黑白照片。这篇论文的文字将其地质解释为片麻岩中的水平层状岩层，表明该结构与肌理几乎垂直倾斜的剪切带模型不相容。"你去过那里的，比尔。你还记得吗？那些不是水平的岩层！"凯说。

一开始我并没有想起那地方在哪儿，也没想起那是什么岩石。然后凯补充说，我在第一次前往格陵兰岛时，在一处正在研究的剪切带边缘见过它。我的记忆就此涌了回来。

我们在北斯特勒姆峡湾南岸的一小片狭长水域边扎营。为了介绍将要研究的地质，凯带我们离开峡湾进行了一天徒步，进入到剪切带南缘的地区。我们扎营处的所有岩石都是垂直倾斜的片麻岩，带有深色和浅色的条状层，厚度从几英寸到几英尺不等。所有岩层都沿东至东北方向倾斜。他带领我们一路朝南徒步旅行，穿越了分层区。由于没有现成的路，他选择的路线都是沿着溪流和小山谷走。报告里照片上显示的悬崖壁是我们途经的一个山谷西端。我们走过那条山脊的尽头时，可以看到暴露在其贫瘠表面上的是陡峭而倾斜的深浅条带，并非垂直的。凯让我们停下脚步，指出我们越往南去，分层的倾斜度就越小。我们所处的位置是剪切带的南部边缘，即深色和浅色的分层逐渐旋转，并扭曲成与构造带中心部分的主要岩层平行的方向。分层之所以在照片所示的崖壁上看起来是水平的，是由于悬崖表面与岩层的走势完全平行，而不是斜穿过分层，否则就可以看到陡峭倾斜的方向。

大家在任何一节地质入门课上都会学到，在野外看到的东西需要仔细观察和测量，以便人们了解实际存在的内容。我们走过的土地是一种三维表面，与复杂的地质结构相交织。若想将地质体所具有的实际形式拼凑在一起，需要沿着它们穿过山脊和山谷，去绘制图像，去亲手触摸，并且去精确地观察地表和岩石究竟如何形成所见的效果。很明显，那幅发表的照片是隔着一段距离在某个海岸线上的高点或者巡航船上拍摄的，所以并不属于为了验证某种解释而进行的实地考察。

结果，正如国际科学界的惯常所见，凯和约翰所发表的著作被认为毫无价值，这可以被视为成千上万失败的科学假想中的又一个例子。

我读完论文后，开始与凯和约翰讨论起我们所面临的科学难题，这时我意识到他们一定深感打击和忧虑。我跟这几个人已认识好多年了；我看过他们争执和辩论、检查和分析数据、讨论冲突的想法，知道他们都非常细致周到。约翰是一个从数据出发的人，总是通过严谨的逻辑来检查信息，他不是一个草率粗心的科学家。凯则是一位伟大的思想者，长久以来他努力地将各种信息碎片拼凑成可以解释山脉系统的概念和模型。凯曾研究过那些在地球演化方面取得巨大飞跃的地质学巨匠，可以看出那些起初模糊以及模棱两可的模式和关系。除此之外，他有极强的能力将这些构成材料的线索编织在一起。若是说他们中任何一个人在形成自己的观点时会受到如此误导，这与我对他们的所有了解都不相符。

作为这样严谨的科学家，他们将我们此次的小探险作为收集数据的论据，以解决争议。他们邀请我的时候，说过探险的目的是追求尚未解答的问题。毫无疑问，事实上这是本次研究工作的根本动因。但我同时意识到，探险的一部分也是为了替他们自己申辩。

经过了前一天晚上敞开心扉的交流，早晨非常宁静，非常适合开始首日工作。尽管太阳在深蓝色的天空闪耀，气温还是接近冰点。随着"十二宫号"加速驶入阿赫费肖赫菲克峡湾，凯和我坐在船头，在风中蜷缩着。我把防寒服的帽子拉到头上，又戴上了手套。水花分向两侧拍溅开来，星星点点地折射着阳光，装点了明镜般的水面。舷外阵阵轰鸣，约翰已是将油门全开。

我们正前往北斯特勒姆峡湾剪切带的北部边界，多年前这个剪切带就被大致绘制了出来。不过在那里很少有细致研究，主要是因为它太遥远而且难以到达。在我们的地图上，该区域的边缘是用黑色墨水自信地画出来的，但我们知道并没有人真正去过那里。

我们将这处构造地标作为参考点，在这里可以看见和感受到岩石的材质和颗粒。我们正在寻找可以量化和分析的东西，这些东西可以为之后的测量和比较建立衡量指标。为了能够识别严重剪切而非轻微剪切的岩石，我们需要一个基线。

小船穿过晶莹剔透的水面，我们三个人凝视着峡湾。尽管舷外的轰鸣声不断，我们仍然为这里的美丽所吸引——山丘起伏绵延直到大海，被野花阻隔的小河沿着层层叠叠的基岩流淌下来，一派静谧的风景。我们努力回过神，试图将注意力集中在南边的岩壁上，上面暴露出大片折叠和剪切的片麻岩。

出乎意料的是，当我们看向南部峡湾边缘的峭壁时，似乎有东西在远远地向西边移动，沿着峡湾飞向数英里之外。我转过头想要看清楚，但是最初只是觉得迷惑。我原本以为是由于自己的眼睛被寒风吹得流泪了，才看到了扭曲的景观，但揉揉眼睛之后，我意识到，有什么神奇的东西正在地平线上跳舞。

峡湾北侧的土地宽广又高低起伏。柔和的山脊倾斜到水中，形成微妙垂落的岩石小丘和苔原洼地。此情此景真令人不禁做起白日梦来。在清晨的阳光下，这风景看起来几乎如田园牧歌一般。

但是在峡湾更远处，一抹水平状的厚厚的蓝青色块锋利地

划过整个陆地，好像一个巨人画家用刷子浸满了颜料，然后大
笔一挥划破了地面。那蓝色是炫目而浓烈的，如同提炼过的纯
粹色彩。它似乎伸展到数百英尺的空中后，又在陆地上被画家
延续了几英里。在那个完全水平的蓝青色条带中，漂浮着白色、
灰色、棕褐色和绿色的垂直柱体，它们俯瞰着整个世界，像是
远在数英里之外的城市中的摩天大楼——一个闪闪发光的蓝色
奥兹国①栖息在寒冷的峡湾水域上。而在北方和东方，蓝色逐渐
融为一条细针似的线，消失于比剃刀刀刃更加锐利的针尖处，终
结在连绵起伏的山丘之间。

我们都看到了这一幕。随着船的巡航，我们看到来自起伏
山地的巨大岩块分裂开来，漂移到蓝青的色块中，成为在空中
飘荡的摩天大楼。岩块大得惊人，似乎有几英里宽、数百英尺
高。当它们慢慢地漂移到峡湾时，形状发生了改变，从有棱角
的柱子变成了布满纹理和图案的平滑长条，不断变幻，并无一
个恒定的形状，随后慢慢消失——蒸发了，仿佛只是由雾气组
成的一般。最终，这效果太令人目眩神迷。约翰踩下马达，船
头落了下来，发动机的轰鸣声停下了，我们随着潮水漂流着。

我们静静地坐了几分钟，欣赏着海市蜃楼，"十二宫号"也
慢慢地转过来，漂荡在温柔的水流中。

---

① 奥兹国（OZ），童话《绿野仙踪》中的神奇魔法国度。——译者

附近离我们只有几百码的一个岛屿悄悄地进入了我们的视线。它是一个凸起的岩石小丘，覆盖着苔藓、灌木和地衣。在我们的地图上，它是一个如此微小的墨点，除非有人刻意寻找，否则根本不会引起注意。随着我们的视线转移到了位于海市蜃楼之前的小岛上，想到错失了那幕壮观的表演，我们不禁心生遗憾。

没有任何开场白，而且非常轻描淡写的，那条遥远的蓝线缓缓地划过了小岛。小船划过的效果看起来如外科手术般精确，让人需要点时间才能意识到期待的景象与实际经验并不一致。重点是，在我们面前的小岛被分为了上下两半，中间夹着一层薄薄的明亮的蓝绿色。

我努力接受自己眼睛看到的东西。其含义显而易见，又不可避免：在峡湾那头看起来如此巨大而遥远的东西，只不过是一个铅笔般薄细的、微小的海市蜃楼。几乎只隔了一臂的距离，它在空中盘旋着，像在我鼻子前面的蝴蝶一样，介于我们的小橡皮船和岩石凸起的小岛之间。

那一刻，尽管我们知道这是真实发生的，因为自己和其他人一起看到了它，但对于我们所有人来说，一切突然变得尤为虚幻。但我们没有足够的时间来理解这种矛盾。遥远的目的地还在等待着我们，它给予了我们收集急需数据的机会，而且下午肯定会起更大的风，这将使返回营地变得很困难。无须商量，约翰开动了舷外发动机，我们继续前进。

随着我们的位置发生变化，船绕过小岛，浩大的、令人敬畏的、静默的海市蜃楼又重新出现了。它又陪伴了我们十分钟，然后渐渐消散成了稀薄的空气。

冰冷的凝结空气被严寒的峡湾水域冷却后，折射出光线，将其弯曲成一种幻象。光是一种具有可塑性的物质，受到周围各种环境的影响，因众所周知的效应产生弯折和扭曲。我们所能感知到的光，不到十亿分之一电磁波谱的十亿分之一，既受到我们用来检测光的身体器官的敏感度影响，也被我们身处的狭隘的物理条件限制。尽管我们可以感知到丰富多彩的事物，但因为身体受基因的制约以及行动所处的空间有限，我们仍然深有欠缺。我们看见的世界只是自己制造的狂欢节——而狂欢节所在的神秘的未知世界通过海市蜃楼、寂静与那些被误解的真相发出的召唤，依然永远超出我们的理解范围。

我当时尚未意识到，海市蜃楼是一场视觉的地震，有时甚至震级极高。在地面开始震动前几分钟，这种破裂就带着低沉的隆隆声到达了。如果人意识到这种力量及其潜在的破坏性，那么他就可以察觉到声响来源的方向，也可以进行快速调整以抵抗这种影响。但我并没有意识到也没有发觉其中的深意。在那片荒野之地的后来几个星期乃至几个月里，随之而来的是一场自我的地震。

那天我们确实找到了该区域的北部边缘，但它并不在我们预期的地方——与我们初拟的地图上标出边缘的黑色墨水线其实偏离了数英里。我们还发现了预料之外的多种岩石类型。这一切意味着什么，尚不明确；它引发了许多没有解决的争论。

这也是一种微妙的警告。地图上的那些线条表示边界，边界塑造了期望也形成了限制；它们进行了简化与归类，令人无须思考就能更容易地做出反应。然而，自然世界是流动的进程，而不是种种限制。我们绘制在地图上的仅仅是一种近似的模拟，充其量只是说明这里的事物与那里的不同。如果想要真正理解我们漫步、采样、测量和记录的地方，我们需要尊重这层暗示：边界不过是另一种形式的幻觉。

击碎岩石

近20亿年前，北斯特勒姆峡湾剪切带内发生了什么？在我们醒着的每时每刻，这个疑问都萦绕在我们脑中。我们脚下走过的土地，会有一个地方是大陆之间相撞的第一个接触点吗？标志会是什么？或者纠缠的大陆地块图景只是一个有缺陷的故事，是对历史的误解？无论如何，剪切带或者说直带又是怎么融进这个故事里的？剪切带北部边缘的旅程的确提供了更多的观测和硬数据，但依然缺乏足够的背景来激发大家的想象。

为了缓解疑虑，我们偶尔会在小丘周围和营地附近的海滩上一起散步。这都是随意而缓慢的徒步，让我们有机会不紧不慢地谈论和观看事物。大家有了任何发现也都可以很容易地再次查访，所以我们只带了锤子、手持放大镜和笔记本，这些是降到地面以下（如果看上去有必要的话）所需的最基本装备。

有一天，扎营后不久，我们在黄昏时分沿着海岸线向西行进。那里有一英里我们还没看过的土地，我们认为这是熟悉那些细节和纹理的好方法。

约翰几乎立刻就发现了一个我们称之为"铅笔片麻岩"的壮观实例。这块岩石是同一种类型的火成岩，这种火成岩曾激发了卡尔斯贝克和他的同事提出大陆之间存在碰撞区或是"缝合线"的设想。但就在约翰驻足的地方，缓慢冷却的岩浆体中形成的细腻纹理，被抹成铅笔般的形状，并被拉伸、延长。通常大约半英寸大小的单水晶体，像绷紧的绳子一样被拉扯成了几英尺长的细线，每条细线都与周围的线条完全平行——就像是片麻岩中的铅笔形状。这是极端剪切的图像证据。我们拍摄了照片，做好笔记，在地上立起了又一个假想的事实标桩。眼下的问题是这些特征是否存在于整个剪切带中，抑或是仅仅存在于局部，因而并不具有区域性的意义。我们继续走着，满心惊奇，想知道下一个岬角周围会是什么。

在离岸边几百码的地方，我们遇到了一面奇怪的小岩壁。模糊的黑色线条勾勒出表面的纹理，看起来就像是一堆堆积在一起的因有些漏气而松垮的足球。我们仔细研究了露头岩石的每一寸，努力拼凑出一幅自己还不太理解的画面。我们探讨了各种可能性，甚至发生了争论，梳理了各人从自己的经验中挖掘出的每一个想法。而在我脑海中屡次浮现的是一滩眼泪，泪水在落下的那一瞬间被接住了，就好像是从地球某只看不见的眼睛里流出的。

我们终于勉强达成了一致，最可能的答案是我们观察的是一种变形的切片，可能有一百五十英尺长、五十英尺宽。这是一种叫作枕状玄武岩的火山岩，由熔岩在海洋下喷发时形成，与其周边围绕的岩石不同，它保留了多次折叠和剪切的复杂历史证据。枕状玄武岩的历史非常简单：它们喷发到一些远古海洋的海床上，然后发生变形并简单地折叠一次。那片岩石是一种被变形更加强烈的剪切带片麻岩和片岩（schist）包围的晶体，它与周围的岩石形成了极为鲜明的对比。

如果这种解释是真的，那么其意义将是惊人的。如同地中海或大西洋规模的海洋盆地通常会分隔开大陆；如果大陆相互接近，它们之间的海洋就会沿着边界被吞噬，当大陆相互碰撞时，最终将成为碰撞区。这种碰撞持续了数千万年，那些曾经是海床沉积物与火山的枕状玄武岩慢慢地形成了被剪切、扭曲而后再结晶的岩石。正是从这样的"根源"地区出现了类似阿尔卑斯山的山系。如果我们刚刚发现的那堆折叠的枕状玄武岩确实是某个长久以前消失的海洋盆地，我们就找到了缝合线，那片薄薄的残存切片就成了曾经可能有数千英里宽的大海的唯一遗迹。是不是有可能因为我们偶然邂逅了一直以来所寻找的海洋，就说明十五年前卡尔斯贝克和他的同事们所假设的碰撞区真的存在于那里？

合理的怀疑压抑了这一新发现带来的兴奋感。我们每个人都有过切身经验：原本将一个事实或观测解释为某种宏伟理念的证据，最后却在更多数据和观测的重压下被碾得粉碎。我们实在难以相信，一个露头岩石将成为支持海床观点的基础证据，不过我们也并未将其视为毫无意义。

几天后，在沿着同样的路线往西一英里的地方，我们遇到了另一小块岩石，它显示出与枕状玄武岩完全相同的简单历史。然而，它是另一种不同的岩石类型，称为橄榄岩。橄榄岩是产生玄武岩熔岩的源岩，我们所见的岩石类型正是地质学家用来与海底熔岩喷发联系在一起的类型。

虽然看起来我们很有可能偶然发现了真正的碰撞区，但是两个露头岩石并不是足以支撑这种想象展开的确凿证据。山地系统的历史是一个分成很多章节讲述的长长的故事，露头岩石最多只是某一章节中的一段。我们是历史学家，试图去阅读用我们知之甚少的语言写就的古代文本。但是这已揭示了某种前所未见的事情：该地区曾经发生过巨大的变形和移动，其中一部分涉及了整个海洋盆地的消耗。然而没有人怀疑过那里存在碰撞区。现在看来，碰撞区就位于铅笔片麻岩和这两个新发现的露头岩石之间，这也将证明约翰和凯是正确的。

凯和约翰明显深感满足，却也显得平静。对于如何分析我们所观察到的一切，他们仍在深思熟虑，但已不再焦灼不安。沿着剪切带理应在的位置，我们发现了更多铅笔片麻岩，这些例子提供了无可辩驳的证据，即强烈的变形是沿着它分布的。但是，同一条岩石带中的两片可能是海床的岩石使故事变得更加复杂。我们并没有预料到这些发现表明海洋地壳实际上可能位于剪切带内，这意味着剪切带本身就是缝合线。

如果说发现那些假定的海床玄武岩具有构造上的重要性，那么在发现同时期露头岩石的其他地方隐藏的故事，必定会有更多的内容。因此，我们将帐篷搬到了枕状玄武岩以西的一个地方——在阿塔内克（Ataneq）峡湾沿着同样的岩石走向，找了一个尚无数据记载的地方建立了大本营。

那一天，微风吹拂过海面，阳光灿烂，我们坐上"十二宫号"前往露营地以东数英里靠近峡湾尖头的一个地方。空气中弥漫着清新之感，激发了一种轻松愉悦的期望，似乎我们会发现一些重要的东西。我们在清澈的海水中顺利巡航，看着宁静的苔原带山脊、山谷还有低矮的连绵小丘从身边掠过。

我们航行了几英里，然后在北岸登陆，以便走向暴露在外的露头岩石。潮水渐渐消退，现出一片鹅卵石沙滩。约翰调转船头，停下马达，然后我们在沙滩上滑行了一段。我跳下了船，把绳子绑在几块巨石上。然后我们抓起各自的岩石锤和背包，开始向东走。很快，我被一些不寻常的岩石分散了注意力，上面布满了曾经熔化的岩浆的细小脉络。我停下来观察样本，凯和约翰对我发现的东西都没什么兴趣，所以我让他们继续往前走，我会赶上去。

我在那里待了大概十分钟，然后继续沿着岸边前进，享受着在上午阳光下的独自漫步。小浪拍打着我左侧的岸边，微风吹过，我不再需要防蚊纱。天气暖和得我几乎可以脱下厚夹克，但也还不算太热。

短暂的徒步旅行后，我看到了一片闪闪发光的陡岸，就像一堵白色石壁矗立在鹅卵石海滩的边缘。岩石表面覆盖着微小的白色硅线石（sillimanite）晶体细线，肉眼几乎看不到，而所有纤维都按照一组组起伏不定又近乎平行的线条整齐排列。白色的纹理中还密密麻麻地散落着高尔夫球大小的深红色石榴石；苍白的云母和黑色石墨片在阳光下熠熠发光，散布在波浪状的表面上，感觉像是给露头岩石披上了一层流动的波纹状皮肤。有那么一刻，我觉得自己好像正置身于一个艺术博物馆，凝视着一件杰作，这件杰作是由一些专注于创造美好事物的超然灵魂所构思和完成的。我走到石壁边，用手虔诚地抚摸它，石榴石块触到我的指尖——顿时我感觉自己的触碰好像是种亵渎。

这时，一种讽刺感慢慢生了出来，围绕着石榴石群、闪闪发光的白色晶体线和我入侵的手指。我站立的地方，是一系列美轮美奂的形状各异、类型不一的水晶体的集合，它们沐浴在温暖的阳光下，在荒野景观中间显露出自己的面貌，但这荒野如此宏大，它们几乎没有机会再次被触摸或被欣赏。然而，这个地方的现实似乎是，闪闪发光的石壁只不过是一块坚固的普通的露头基岩。只有通过人虚弱的大脑里产生的想法，指挥脏兮兮的手指移动，才能使那裸露的石壁显得如此美丽。这是多么奇怪的事。

矿物在阳光下闪耀着光芒，那些闪烁的、令人惊叹的图案与拍打的波浪和轻拂的微风并无关系。我从背包里取出相机想拍几张照，随即又打消念头，把相机收了回去。那有什么意义呢？最值得捕捉的现实是这个地方带来的那种感觉，以及地球深处亿万年前铸就的精致石壁所唤起的敬畏与温柔的激情。然后我发现这里的万事万物都是平等的：没有等级统治，一切都可以是美的，也可以是不美的。价值的高低取决于稀缺性和对差异的渴求，而二者在这里都毫无意义。

　　循着砾石海滩漫步，这里唯一的声音来自拍击的小浪花和嘎吱作响的我的靴子。我来到了自己的向往之地，孑然一身地在荒野的孤独中行走，独处的宝贵从阳光里、蓝色的海水中、纹理各异的石头上渗透出来。自打儿时记事起，我就一直热爱这样的地方。年少的时候，在家附近的山上独自散步让我避免了欺凌与受挫，那是一个小孩子的避难所：阳光温暖的青草气味、昆虫的嗡嗡声、突然瞥见一条蛇在杂草中滑行消失，这一切隐去了那些令人失望的事。去发现各种隐藏的东西：卷曲的叶子后面藏着的瓢虫、从空旷海滩挖出来的沙蟹，这些经历为我的想象力插上了翅膀。而现在的白色石壁也是如此。

　　没过多久，我就赶上了凯和约翰。作为我们主要的观测记录员，凯正往他的笔记本上写着些什么，还偶尔用舌头舔舔短铅笔头的石墨铅芯尖。他的左衬衫口袋里还放着其他几根铅笔头，这是他最喜欢的书写和绘图工具。我从未弄清楚他是从哪儿找到这些铅笔头的，但这些东西他从不会离身；一个小卷笔刀总是放在他的另一个口袋里。

　　我兴奋地问他们是否看到了石榴石和硅线石构成的片岩石壁，凯草草作出回应，给我看了他在笔记本上记录的简短说明。

然后他问道："你有没有看到在它之前几百米处那个可能是超镁铁质岩（ultramafic）的绿色岩石晶片？"

我努力在脑中回想，但不得不承认自己并没有注意。

"你这不是跟我扯肚子①嘛。你应该去看看，约翰认为它很有意义。"对我的批评成了一种挺正当的消遣活动。

"是跟你扯犊子。"我纠正了他。大家都知道凯喜欢引用些俗语习语，但他用起来偶尔会犯错误。

待我正要转过身离去，约翰这位杰出的田野地质学家补充说："它看起来像是橄榄岩的构造切片。"

我毫不费力地找到了它，这个长条沉积岩露出在一块裸露的岩石台上，构成了峡湾里的一个小海角。黄绿色的石块体积不大，大概有六英尺宽、二十英尺长，周围是交替的浅色和深色岩层，十分明显。

它确实是一块橄榄石岩体。橄榄石岩通常不会与沉积物一起出现，而那些富含石榴石的岩石最初就是沉积物；它们的并置出现需要经过强烈的构造压力进行混合。这就有更多的证据支持"消失的海洋"假说了。

我爬上露头岩石，仔细观察其纹理和矿物质，有一个岩层

---

① 原文为"pull your leg"，被凯误作为"pull your nose"，此为"开玩笑"的美式俚语。——译者

特别地突显了出来。这个岩层距离超镁铁质岩三英尺，约六英寸厚，近乎黑色，与黄绿色岩块的边缘完全平行。虽然看起来里面可能含有一些石榴石，但它们很小，实际上无法辨认。我们需要采集一个样本。

我们每人都携带了两把岩石锤：一把有几磅重，可以用于大多数岩石，另一把长柄大锤重约五磅，用于特别坚硬的岩石。黑色岩层位于岩石表面以上几英寸处。它明显抵抗住了侵蚀，看起来特别密实，所以我抓起了长柄锤。

我敲打过世界各地的岩石，但毫无疑问，这是我遇到过的最坚硬的岩石之一。每次我砸下去，钢制的锤头都会震得巨响，又从岩石上反弹回来。我越来越用力地挥锤，很怕粗粗的木柄会随时崩裂。最终，一条头发丝细的裂缝出现了，并随着每一次的敲击不断扩大。双手酸胀刺痛的我终于得以楔出一块和我拳头差不多大的样本。

那片小样本异常密实。新鲜的表面像碎玻璃一样闪闪发光，细密而紧致。我拿出放大镜，把样本凑到脸跟前，这样就能仔细检查它的矿物质了。突然，一股淡淡的气味从新鲜的岩面飘进了空气中，闻起来像是烧焦的头发又像是滚烫的金属或沙漠尘土味儿。我吃了一惊，停下手头上的工作，深深地吸了一口气。毫无疑问，空气中弥漫着的那股气味，正从那个刚刚暴露的闪闪发光的岩石表面升腾起来。

对那块岩石的锤击已经破坏了原本将其固定在露头岩石表面上的化学键。微小的晶体裂开，微粒的界线已被分离，一块非常致密的岩石就这么破碎了。20多亿年来第一次，那些被困在晶体框架中的原子和分子暴露在了新鲜空气里，展现在北极温暖的太阳光线之下。

离散破碎的亚微米粒子与无机分子从裂缝中脱离出来，在空气中跳着看不见的原子芭蕾舞，飘散到变幻莫测的微风之中。那些被释放出来的碎片中的一小部分穿过大气，朝着我的面孔扑来，最终影响到我呼吸道里的感觉器官，激发了那些意想不到又有些怪异的感觉——从破裂的岩石碎片中透出的是烧焦的头发味？热金属味？还是沙漠尘土味？

由于好奇心驱使的暴力行为，这个破碎的表面已经将碳、钙和镁原子撒向了世界。原先构建那块岩石的一切成分，通常会通过极其缓慢的侵蚀释放到海洋中，现在却被突然抛到了风中。该岩层中的原子是生命得以形成的分子的组成部分——从钠到硒，一切都爆炸在微风中。所有这些元素发生的化学反应唤起了神经元和突触，思绪和想象就在这错综复杂的神经网络中流动。那些潜藏的梦就存在于我闻到的那块岩石的原子中。

最终这些原子和分子会变成什么形式，是一个无法知晓的谜团——而且不过是它们漫长而永恒的旅程中的一部分。不可避免的是，一旦被释放，它们将成为新事物的一部分，完全不同于它们原本组成的矿物结构。从微观上来看，为了收集这个小样本的破坏行动是一种解放和创造行为，是对未来无意而天真的干扰。

我拿起那个样本，把它标记为"468 416"，又拍了几张照片，接着取出 GPS，在笔记本上记录了现在的位置以及一些观察结果，然后把所有东西都塞进了背包里。我并不怀疑那个小样本一旦在实验室中被分析，将会彻底破坏我们对这些远古岩石记录的历史所预设的概念。

鹿 蕊

地衣在格陵兰岛比比皆是。在潮汐区域上方，每块裸露的岩石表面都被一簇簇、一块块、一层层的地衣添上了纹理和色彩。苔原凹陷里也会有地衣贯穿其中。这是最强大的伙伴关系，是真菌及其伴侣——光合作用的普遍共生体，它们作为复合生物体而存活，富有韧性，也不乏美丽。

地衣有许多不同的形式，但我的眼睛已被训练得习惯于识别矿物和岩石，而不是生长在它们身上的东西，所以仅能辨别少数几种。那里有淡绿色、亮橙色和红棕色的品种，由形态自由的有机成分融合成的奇妙花纹，巧妙地成为坚硬岩石上雕着的背景图案。它们像是装潢用的毯子和软垫，凭着极为丰富的装点和修饰手法迷惑着感官。它们将你带入隐藏的世界，你低下头，睁大眼睛去看，会发现在地衣搭起的大厅里游荡的那些小虫子可以创作和演出一幕幕戏剧。

地衣对于粗心大意的人来说也是一种危险。有一种特定的地衣就很会彰显自己的存在感。干燥的时候，它那深黑色褶皱的小薄片非常脆——如果被踩到，就会沿着边缘的长条裂缝碎成细粉末；人如果直接用手摸，会被它的边缘割到。但是潮湿的时候，它就像黏液一样：下毛毛雨的日子里，它会吸收水分，变成一种让人滑倒摔跤、根本无法行走的垫子。有一次，我们正要在一块寸草不生的岩石露头上登陆，我手中拿着帆脚索，准备从"十二宫号"上跳到岸边，约翰用盖过舷外发动机的声音大喊道："小心地衣〔他和凯用的是这个词的丹麦语发音（litchen）〕。它们很滑！"

听到他的警告，我调整了计划，挑了一处黏液状物最少的、最平坦的地方，而且非常小心地跳了过去，着地时我试图尽可能少向前冲，但是我的脚一踩到黏液就打滑了，我重重地摔在了地上，右肩当时就脱臼了。接下来的三天我只能靠服用大剂量的阿司匹林止痛。

　　地衣也是各种类型的标记。即使在最好的条件下，它们也只是缓慢生长。一年增长三十二分之一英寸（约 0.79 毫米）已经算是速度很快了。而在我们所处的北极环境中，它们的生长速度更是要慢得多。

　　在一个晴朗干爽的日子，我们将船停在峡湾的南岸——一个露头片麻岩缓缓倾斜下降到水面的地方。我们正在寻找前一天在峡湾更远处发现的、两种不同类型岩石之间的接触迹象。在海水高潮线以上，地衣生长茂盛，特别是那些黑色品种。我们边走边做着笔记，忽然遇到了一个地方，有人把地衣刮掉了，把他们的名字和日期留在了空缺处。所有日期都是 1960 年以前的；最早的则是 1943 年。那些名字和数字都清晰可见，几十年以来，自从这些字迹被刻上岩石表面，其边缘几乎没有变化。那些地衣的生长速度每年还不到千分之一英寸。

　　确实有一种生长得更快的地衣，那就是鹿蕊。这种地衣是奶油色的，往往会形成带有流苏边的小小片状，略微立于岩石表面。我们在建立营地时第一次见到它们。我问约翰那些是什么——关于自然景观他拥有非凡的信息储备（我怀疑其中一些是编出来的，但绝大多数不是）。他教会了我如何识别旧营地的所在——看石头图案和某些喜欢集中生长在被开垦土地上的草——以及其他一些东西。约翰说，它们又被称为驯鹿地衣，因为对于在西格陵兰岛四处漫游的瘠地驯鹿而言，地衣是它们食物的重要组成部分，实际上有一次驯鹿还在清晨穿过了我们营地。

几天之后，经过了一整日的大段航行和少量徒步，我沿着我们洗澡的小溪独自散步，前往源头处的小湖。地图和航拍照片显示，这片湖是汇入冰盖的三个湖泊里最西边的，每个湖都彼此相连，水源都是来自融化的冰盖。

徒步的这一路上，我穿过了闪着白光的小草地，那一簇簇洁白的羊胡子草在微风中挥舞着，像迷人的哨兵一样。两三英尺长的北极红点鲑鱼沿着浅水底部掠过，从一块巨石飞速游向另一块巨石，想要藏起身来。我要是在这儿钓鱼，大家一定能吃上一顿美味的晚餐。

太阳从薄薄的云层中透出光来，阵阵微风吹过。等我到达湖边的时候，天气开始变得寒冷，湖水泛起了波浪。我找到一块大石头坐下来，把戴着手套的手插进了夹克口袋，在那个幽静的地方待了一阵子，看着湖面和鱼儿。

周围这一切庄严的孤独感很难不让人震撼。能拥有这样的时刻是一种非同寻常的体验，身处无拘无束的大自然的深邃缩影之中，不受干扰。生命按照自己的节奏流动，岩石、土壤和植物搭起了人类未曾塑造过的景观。我作为唯一的观众，一个最短暂的访客，来观看这片刻的展示，观看数十亿年前从地球源起之时就启动的演化进程。我所见到的是原始力量在通向未来的道路上所取得的战绩。在那无限可能性的汪洋中出现的是万物的实现，它们短暂而具体，充满机缘巧合，并没有终点。

有生以来第一次，我感觉在自己的理解范畴之内，我好像明白了这个世界对我来说是多么难以参透。没有什么能够离开整体中的其他任何部分而单独存在，自诞生之初起，整体就是整个宇宙。在那个北极山谷的宁静之中，彰显着的就是这样一种统一性。

时间不复存在。过去和未来之间唯一的不同之处在于穿行其间的思想。这些思想能思考、描述、细化各种差异，识别不同物种，说起来似乎是固定于某个时间点、相互割裂的，但事实上它们都在不断地剧烈变化，这种变化是短暂的、有创造性的、独特的，又是不可分割的整体的一部分。人类也只不过是某种极其难以捉摸的力量所进行的另一项实验，至于实验的结果如何并不重要。

然而，在那巨大的孤寂之中，世界被美浸透了。围绕着我的是令人惊叹的新鲜与和谐。颜色、结构、形状和图案从一种表达方式流转为另一种，毫无不协调之处。除了那些最粗浅的概念（岩石、水、空气、寒冷）外，没有什么是我熟悉的；一切都挑战着我的理解力。

孤独和寒冷让人不舒服，不愿再多做停留。我站起身，审

视着眼前的景象，试图捕捉到一些可以跟凯和约翰分享的点滴
片段，但我意识到自己找不到语言来传达其中的丝毫。

　　我并没有沿着小溪边的同一条小路返回营地，而是穿越山
野，以便节省时间并查看新的地貌。有一大片相对平坦的广阔
地面，在湖泊周围形成了四分之一英里宽的冰碛沉积区。这里
很方便行走、也很开阔，算是那个世界里为数不多的，除了想着
下一步该何处落脚、我还可以把注意力转移到别处的地方之一。

　　在途中，我遇到了一块大概有两百码长的田野，上面星星
点点地散布着几英尺宽、几英寸高的土丘。它们是穹形泥炭丘
（palsa）——当地下水持续冻结并向上膨胀时形成的小土丘。它
们在永久冻土地区很常见，那里会形成冰举丘（pingo，穹形泥
炭丘的更大版本）。土丘边缘堆积着被从地下推上来的巨石。

　　我徘徊在土丘顶，想寻找裂缝，看看下面的冰是否可见。
之后我沿着边缘散落着小石头的山谷前进，又循着一条多边形
的小路穿过这片土地。我步行之处就像一个小迷宫，在这个地
方，我想象着会有一种吟唱和舞蹈的神秘传统，由某些不知名
的幽灵表演，它们被封存在那片永恒之地，耐心地等待着下一
代信徒。

　　我走着走着，似乎有什么东西看起来既不合时宜又不同寻
常。这时我突然意识到：所有的这些巨石都是奇怪的浅色，没有

黑色和斑点状的图案，或是我们常见的条带状片麻岩与片岩。

那种颜色是鹿蕊造成的，茂盛生长的鹿蕊覆盖住了巨石，这样的繁茂我们以前从未见过。为什么会如此，我一点儿也不清楚。我突然想到，流浪的驯鹿会在那里享受一顿大餐——就好像大自然已经摆好了一桌盛宴，任其无尽地沉溺于地衣的美味之中。我知道这是个好机会，让我找到自己错过的东西，如果真的错过了什么的话。那鹿蕊的味道究竟如何？

我小心翼翼地从最近的巨石上摘下了一个亮晶晶的精致小片，清理干净上面的小沙粒，咬了一口。它的质地略有嚼劲，像是皮质，但不硬，吃起来很容易，味道让我想起了简单的白酱汁和粗意面——没有浓烈或辛辣的滋味，仅有一种轻爽细腻的奶油味。它没有多么复杂的口感，只有让人安心享受的舒服与简单。我吞下了这个小块，接着吃了一口又一口，试图更好地品尝这种驯鹿赖以生存的食物。

突然间，儿时吃饭的记忆在我的脑海里浮现出来，就在我们的小家里，在加利福尼亚州南部的柠檬园旁边——通常在桌面上摆着悉心布置的花、铺有褪色的描绘有早期美国场景图案的桌布，牛奶杯在我的右手边，父亲坐在我的左边，从他面前的砂锅里给我们盛菜。我停下了咀嚼，沉醉在那些长久以来被遗忘的记忆中，这些已被淡忘的童年小慰藉让我感到惊讶和恍惚。地衣变成了时光机。

那一刻，在我在那里的体验之中，会不会蕴藏着一种与驯鹿共通的感知和重叠的记忆元素？

我没想到去尝别的地衣。现在我真希望自己当时能去试试看，尝尝那个包围着岩石的世界是些什么味道。

游　隼

我蜷缩在西行山脊顶部巨石的背风处，山脊离冰原边缘十五英里远。一阵寒风从北边吹来，像一列不可阻挡的火车般猛烈地冲出北极。我在那里收集了一些基本的观测结果，这些结果可能会给我们新出炉的故事增加一些小细节。

位于阿赫费肖赫菲克峡湾南部边缘的山脊顶峰是方圆数英里的最高点。而在两码开外，一道峻峭的斜坡直降六百多英尺，落在底下巨大的岩屑堆上。从北面岩壁坠下的巨石和碎石形成了一座陡峭而倾斜的扶垛，扶垛延伸到下面的峡湾边缘。在东面和西面，山脊绵延数英里，亦从顶峰处直降数百英尺，这是一条起伏的基岩主干，它定义了大地的纹理。而在南面，长达至少六十英里的地方，展现的是典型的格陵兰地形：起伏的山谷和山脊、嶙峋的岩壁和小湖泊，这些刻在覆盖着苔原、散落着巨石的陆地表面，如同一块布满皱纹的大地皮肤——皱皱的手肘、微笑的细纹、紧锁的眉毛。从这样的皮肤上散发出一种智慧的耐心，传达着一种印象：这一片土地知之甚多，但安然于沉默。

深灰色的云低垂在天空中，我几乎可以触摸到那向南奔涌的云层底部，它们把雨水倾泻的一层薄薄的气团压到了水陆交界面上。

而在北边的崖面之外，峡湾占据了整个风景，它那宏大的存在决定了海水和冰的融合。我低头俯视，勉强辨认出了"十二宫号"，凯和约翰正乘船沿着海岸边巡游和测量——那巨大的灰色液体表面上的一个小点，是我与人类世界的联结。水域的另一边，在更遥远的北方，风景与南边的别无二致。

东边的冰盖是必然统领着这个世界的白色地平线，是古老土地上的冷峻哨兵。即使站在山顶，我仍然比冰盖顶部低了几千英尺。7000年前，冰盖从我站立的地方向西延伸得更远，我能看见的一切其实都相当于地下室。自那时起，冰盖开始逐渐后退，随着冰的融化，原先已被牢牢封冻住的各种尺寸的巨石不断掉落下来。为我遮挡猛烈、寒冷而潮湿的大风的石头就是其中之一。

凯和约翰是在岸边的一处放下我的，从那里可以横穿内陆进行采样和测量，以了解细节，确认一种特定的岩层单元是否向西延伸。这一答案将让我们重构目前正在绘制的一个断层的延伸距离。按照我们的方案，我应该从岸边一直往正南方走，向上越过山脊，然后下山进入一处主要的谷地。从那里开始，我将有计划地纵横穿梭大约五英里，一路上有充分的机会进行观察。而回程则是我穿过山脊向下走到海边，傍晚在峡湾的一个小海湾的海滩上与他们会合。

独自徘徊在那片无边无际的古老荒野之中，脚步落在可能从未被人类触碰过的大地上，看着尚无另一双人类的眼睛曾见到的东西，存在于一个超乎想象的世界里，总是能发现一些无法预料的东西——对我来说，那里就是天堂。

前往山脊顶部的徒步旅程漫长而艰苦。从峡湾向上爬，翻过山脊底部的岩锥，着实让我付出了代价——我的两条小腿都已瘀青流血，手指关节也擦伤了。那里是一片乱石滩，有的巨石如汽车一般大，有的则是拳头大小，上面覆盖着一层不平整的地衣、苔藓、野草和开花植物。那一层柔软起伏的植被毯子，几千年来从未受到打扰，它掩盖了岩石间深度到我大腿的孔洞。我只能全靠猜测来找个坚实的落脚点；如果我在那里摔断了一条腿，凯和约翰要在快傍晚时赶到指定的小海湾集合，然后才会开始找我。一想到那漫长而寒冷的等待，我变得更加谨慎了，试着找出一些小线索来提示自己脚下可能存在着什么：轻微起伏的暗绿表面，最近露出的巨石的形状和坡度，偶尔暴露的洞穴的格子结构——所有潜在的线索，都暗示着下一个最佳的落脚地点。即便如此，所有这些小心留意也只不过是猜测而已。不可避免地，从一块岩石跳到另一块岩石几次之后，我会冷不防掉进一个被盖住的洞里，然后再挣扎着爬出来，花几分钟揉揉擦伤的淤青的小腿；深呼吸几下后，我还得继续前进。我没时间再做别的了。

不过，苔藓的触感还是令人难以忘怀。一开始，我戴着手套，所以错过了这种感觉。但是爬到岩锥斜坡的一半左右时，我又一次摔进了一个齐大腿深的洞里，这时我决定休息一会儿喘口气。刚好就在我眼睛的高度，正对面的一块距我两英尺远的岩石引起了我的注意。苔藓像块裹布一样覆盖在它上面，并且蔓延到周围的巨石上。那块石头下面是一个小洞穴，里面露出了被植被遮盖的石头底部。黑白相间的石质（lithic）形态，如绿色天鹅绒般的苔藓质地，还有清凉的空气，让我不禁摘下手套，伸手抚摸了一下。这种感觉极其奢侈，仿佛世界上最高级的天鹅绒已经被毫无掩饰地铺展在岩石上面，一英尺厚的长毛绒，精致而豪华。我爬出洞继续前进，但是自从摘下手套后，对于踩到如此精美的东西，我很难不感到内疚。

岩锥在大约海拔九百英尺的地方与岩壁相接。从岩石堆上耸起的一面光秃秃的岩壁，在很短的距离内陡然上升到山脊顶部。爬山的那一部分相对容易，我很快就登上了山顶。

我到达山脊顶端时，估计是中午左右。我很快就吃了顿午餐——沙丁鱼罐头、奶酪和不大新鲜的黑麦面包、葡萄干、巧克力，还有一些水。一块块巨石巍然矗立着，散落在冰雪覆盖的岩石上。在凛冽刺骨的寒风中，我开始流鼻涕，眼睛也流泪了。任何从背包里拿出来的东西都必须用石头压住，这样它们才不会被从山顶吹到山谷里去。

午餐结束后，我重新整理好背包，走向了悬崖边。我想站在呼啸的风中，凝望这无尽的景色，感受它的荒凉——纯粹的寒冷，因一切的不存在而存在。我张开双臂让风吹向我全身的每个部分。但寒意实在难以抵御，我放下手臂，把戴着手套的手塞进了夹克口袋，只是静静看着这浩瀚之地。

过了片刻，并无一物来扰乱这片绝对的、冷漠而永恒的大地。除了咆哮的大风，我眼前所见的是一个消极静止的世界，它坚如磐石，一动不动。这时，就在我视野的边缘，朝着白色冰盖的方向，一个黑色的、不协调的小点正在移动。我微微转过头，想看看它是不是幻觉。

我花了点儿功夫才把目光锁定在它身上，但它很快就变成了一个几乎看不见的黑斑。黑斑在山脊上移动，乘着狂风的上升气流从岩壁上掠过。那斑点移动得很快，向我飞来。我还来不及思考，它就到达了我所在的高度，像火箭一样向我冲来。循着飞行轨迹，它会来到离我的脑袋几英尺的地方。

刹那间，我意识到它是一只小型游隼。它将翅膀紧紧地贴着身体，肌肉绷紧，神情专注，乘着冲击山脊的无形气流而来，几乎像是一个羽毛飞弹——完美呈现了空气动力学。它的翅膀几乎一动不动，随着风速的每一次变化，它只会略做调整，保持与悬崖边缘几英尺的距离。

似乎就快要不可避免跟游隼撞上的时候，我后退了一步，避开了它的路线。突然，时间改变了，正如有时遇上意外让人受惊时那样。每一个动作和运动，每一种思想和感觉都被浓缩得如水晶般剔透。每秒钟甚至几分之一秒都被延长了。我的视线变得异常锐利。

游隼张开翅膀，抬起头，黑色的眼睛睁得大大的。在距离我不到三十英尺的地方，它瞪着我，似乎悬停在了半空中，完全一动不动。

接着，以一种微妙的优雅，它把翅膀缩回到强健而优美的躯体旁，略微改变方向，在风中加速飞走了。有两次，它一边飞向未知的目的地，一边转过头往后看，仿佛在试图确认自己所想的那个山脊上的东西确实是真的。它的羽毛迎着风，发出低沉嘶哑的嗖嗖声。

在与这只游隼短暂相对的时刻，我无从知晓它会有怎样的体验。很可能它在通过激烈的上升气流时一直集中注意风速，测量自己与岩面之间的距离，朝着某个远处的目的地飞去；于它而言，沿山脊顶部散落的巨石只不过是属于地面的印象和飞速闪过的阴影，直到其中一块石头移动了。游隼高居于那个山脊上，人类是意料之外的存在。

在如此近的距离内，我无意而又无辜地遇见那只游隼，在任何其他环境中都是不可想象的。当我意识到自己刚刚经历了对于野性的含义最为纯粹的展现时，不禁满心震惊和兴奋。

我们所经历的事情应当被看作是一种改变的现实、一个染色的片段。一切新的东西，无论是实体地点还是认知构造——地貌、鸟鸣、覆盖的苔藓——都会根据我们所记得的内容与那些名称和情感上的印象联系起来。通过这个过程，我们形成了自己的记忆，再将它与下一次的经历对比。其含义十分明确：记忆中承载的过去越是丰富，就越能与当下的时刻相调和，我们也越能更好地了解世界是什么。

那么，一切都是相对的吗？是否我反思和疑惑的所有经历都是自己所看到和感受到的一幅简化的拼贴画？如果是这样，我的想象力范围会因为有限的过去而受到限制。每一个不符合以往记忆的新体验都是一件礼物，可以丰富我对于颜色、声音和气味的了解，丰富我的情感体验，也加深我对意义的理解。那些新鲜的东西装饰了所有未来的经验。

荒野，通过其存在的这一事实表明，它就是新鲜的。

印象之二

面对一种理性的、科学的探索大地的方式，虽然这种方式被更为广泛的认可，但其深奥的洞察力和推测常常会被就此掩埋，其损失的东西是深刻的。大地就像诗歌，有种难以名状的连贯性，它的意义也是超然的，它有提升对人类生命的思考的力量。

——巴里·洛佩兹[①]

我们是由水造就的。水悄悄渗入各种晶体形态的网格之中，又有力地说服了原本安居于此的各类元素与其一同流向大海。水鼓励联结与配对，它促成了元素成为分子的需要，又促使分子在瞬间形成了最复杂的结构。然而水也是腐烂和溶解的催化剂，它可以分解岩石，正如它可以助推岩石重建一样。

[①] 巴里·洛佩兹（Barry Lopez, 1945—2020），美国作家，擅长自然主题作品，因《北极梦》获得1986年美国国家图书奖。——译者

　　正是这种无情的重建过程造就了我们。我们生活在一种幻觉中，这是我们生物学上反复试错的结果。因此，我们的现实是一个贫乏的真相。在原始的荒野中，人们有机会去经历小小的顿悟，以暴露自己的先入之见和种种误解。

融　合

我们试图单独挑出一件事物时，

会发现它与宇宙中的其他万事万物联系在一起。

——约翰·缪尔①

日光之墙

　　在营地的南边偏东一点，有一块雄伟的岩壁。它从水中拔地而起，成了一个巨大的支柱，峡湾围绕着它向南蜿蜒几英里，然后继续向东流入内陆冰盖。它高出海平面近千英尺，占据了我们露营的这片世界。

------

① 约翰·缪尔（John Muir, 1838—1914），美国早期环保运动的领袖。——译者

夏天，太阳在天空中画出一圈松垮的环线，北极即使到了午夜也不会有日落，当然中午太阳到达顶点时与南方地平线的夹角也不会超过四十度。低低的太阳高度角会照出醒目的影子。随着太阳围绕整个天空改变照射角度，物体的面目和形状时时刻刻都在变化。

我的帐篷门向西开，让我可以看到峡湾长达数英里的露天水域。但是当我从帐篷里出来的时候，岩壁就在我的左后方。我总会转头看看那块大家伙，以此了解当天的天气情况。当然，没有办法判断这一天会变得如何——北极高纬度天气的变化莫测是众所周知的，但即便如此，晨光中的那块岩壁在某种程度上给了我一点参照，帮助我们了解在晚上返回营地之前的这一整天将会是怎样的。

晴朗的日子里，早晨的太阳低垂在东北方，悬挂于白色冰面之上，要在天空中缓慢上升几个小时。因此，岩壁是背光的，它隐匿在阴影中，黑暗又单调，几乎看不出模样。蓝天则在它的背后发出耀眼的光芒，而更加湛蓝的海水在我面前延伸。

到了正午时分，斜照的阳光中各种细节醒目地突显出来。狭缝、斜槽、岩架和悬壁都投射在不同深度的阴影中，变得突出起来，为岩壁表面增添了早晨见不到的纹理。而随着下午逐渐过渡到晚上，阴影的位置又发生了转移，它们的大小和范围也在不断变化。岩石表面出现颜色，表明有植物在此生长，无孔不入的根系顽强地依附于裂缝和接缝之中。长满苔原的山谷与山脊两侧相交，呈现出锈褐色和沙石色，与绿色和灰色的叶子混合在一起。

这让人很难不把整个场景想象成太阳作画的画布，它一遍遍不停地修饰着画布上的每一寸。

太阳也并不总是在空中照耀。一天早上，我们原本计划好沿着峡湾长途旅行，但一走出帐篷，就发现厚厚一堆碎裂的云层悬在我们头顶。寒风呼啸而来，水面也波涛汹涌。我们相应地修改了计划，来到营地附近的一个小峡湾展开细致的地质学工作。它是我们还没去看过的剪切带北缘的一部分。

在小峡湾的一个极小的海湾处，凯注意到有一列不同寻常的灰白与深绿色条带暴露在高潮线的上方。约翰小心翼翼地将"十二宫号"推到浅水区，等他停好后，我们找准了登上一块巨石的一条线路，从岸边走向凯所指的露头岩石。令人惊讶的是，我们发现了大理石、硅线石片岩以及富含碳酸盐和硅酸盐矿物岩的各种薄层，这些浅水沉积物的特征可能都是沿着安静的海岸沉积下来的，在那里微型的单细胞生命体曾在温暖的海洋中旺盛生长。我们如果在数十亿年前潮汐冲刷那些海岸的时候来到这里，就可能会在一个小海湾的波光粼粼、水晶般清澈的海水中畅游。

现在，由于深埋在地球内部被几千摄氏度高温炙烤的地方，石灰石重新结晶之后变成了大理石，泥土和沙子变成了绿色的片麻岩和片岩。我们无法分辨曾经埋藏它们的深度，但是如果岩石不是被埋在至少十英里之下，那么我们所能辨认的矿物就无法形成。我们拥有了关于这片海洋的更多证据，这些元素的分布也符合预期的缝合线所在的区域。

大约中午时分，天空放晴，风也停了。我们在暖和的天气里稍微放松了一下，最后在快到傍晚的时候返回营地，对取得的收获心满意足。

回到营地以后，我们固定好充气艇、卸下了样品和装备，然后前往厨帐。在那里我们整理笔记，度过了下午剩余的时光。约翰坐在帐篷的一边，读着他带来的一些论文，不时在页面边缘做笔记。我坐在他对面，重写我潦草地涂在调研手册上的记录，这样他们才能看清楚——我的笔迹从来都不太工整。凯在帐篷入口附近准备晚餐。洋葱和黄油在煤油炉上的锅里嘶嘶作响。

我们收集的数据越来越多地支持了这个观点，即该地区保留了强烈变形的记录，正如约翰和凯等人最初提出的那样。约翰在营地附近的一个露头岩石里发现的铅笔片麻岩，是高温下特殊剪切的无可辩驳的证据，也是该剪切带数英里内的常见特征。枕状玄武岩和超镁铁晶片也可能证明数百或数千英里的古代海床基底已被分解并切割成薄薄的碎片，这一过程需要大量的位移和变形。这些都局限在剪切带之内。

但与此同时，出现的复杂问题远远超出了我们的预期。虽然这肯定是一个变形区域，但残留的海床薄片意味着能够消灭整个海洋盆地的过程，只留下了一点我们发现的碎片。几小时前，我们在那个小海湾看到的沉积物的存在也表明那是一个大陆的边缘。离我们帐篷不到一英里的地方是类似安第斯山脉火山岩的岩浆残余物，这一部分暗示了海洋地壳被消耗的区域所在。总而言之，想要解释所有这些观察结果，最简单的说法就是，冥冥之中我们的营地刚好坐落在了卡尔斯贝克和他的同事们所假设的碰撞区。如果是这样的话，约翰和凯所研究的剪切带就是一种超出任何人想象的更深刻的构造特征：正是实际的缝合线将 18 亿年前相撞的大陆紧紧锁在了一起。这些都不是他们早期研究中所讨论的内容。

我成为一名地质学家纯属偶然。我在加利福尼亚州南部的海岸边长大，整天忙着冲浪。高中的时候，我逃课去冲浪，几乎很多门课都不及格。我常常被罚放学留堂，还被开除过好几次，但海浪的召唤总是把我从教室里吸引走。我抵抗不住这种诱惑，让自己沉浸在每一波海浪所带来的轻率的不确定性中。坐在冲浪板上，期待着下一个浪头——有机会成功，也可能失败，自找的紧张的冒险，却不知道挑战结果如何——没有什么比这更棒的事了。

到了高中毕业继续接受教育的时候，我选择了一个沿着海岸更南边的大学，那所学校开设了海洋学课程。我坚信自己可以试着把这项科学当作一种职业，同时用大部分时间忙着浪底回转、作十趾吊①，以及被卷进大浪。

但在那所大学，海洋学是研究生的专业；对海洋学感兴趣的本科生必须主修生物学、化学、地质学或物理学，然后再应用所选学科的原理来研究海洋。我并不怎么情愿地选择了地质学。

我痛苦地学习了一门又一门课程，对这个学科只有一丁点儿兴趣。直到有一天，在一次必修的野外考察中，教课的教授把面包车开到了一个小露头岩石旁，意外地停下了车。我怀疑他感觉到了车里弥漫的厌烦和无聊情绪。他把我们赶下了面包车，让队伍聚拢在他周围。

"我想告诉你们，我们究竟是在训练你们做什么。"他说，然后指向路边的切面晶面上的黑色矿物。他花了几分钟说出它的名字，解释其化学成分，并描述这种矿物的重要性。他又指着另一种矿物重复了同样的事情。就这么介绍了 5 种矿物质以

---

① 十趾吊（hang ten），是指在冲浪的时候，用全部十根脚趾钩住冲浪板的边缘。——译者

后，他编织了一个令大家惊讶的故事。我们所站立的地方是6500 万年前熔岩室的中心，在地面十英里以下。他继续讲述这块地方是如何形成的，曾经流淌在什么样的火山里，冷却到冰冻状态之后的历史又是怎样的。我被迷住了。突然之间，我明白了地球就是一份手稿，它是用非凡的书法写成的，上面装点着我几乎无法辨认的艺术。各种浩瀚的奥秘，我们起源的那些历史，以及一系列造就人类的偶然事件就存在于这无处不在的石头里。一瞬间，这个世界对我来说变成了一个新天地。

一股温暖的焚风（foehn）从东边轻轻吹来，它自几千英尺高的内陆冰原"顶峰"而下，在我们谈话时，风轻轻地擦过帐篷。来自西边的低斜阳光照亮了那橙色布料，为我们的小房间注入了一抹温暖的光芒。

紧接着，毫无即将变天的征兆，光线突然间变暗，风也停了。当帐篷内冷下来的时候，我们还在一边开玩笑。风开始从西边吹来，起初还比较温和，只是不断给帐篷带来小小的抽搐。然后，还不到三分钟的时间，风就陡然变大了，我们受到了狂风的冲击。帐篷门帘啪的一声被推开，四壁塌陷下来，压在我们的头顶上。凯关掉了煤油炉子；我们也停止聊天，丢下自己的本子和笔，跑到外面去看发生了什么。

峡湾变成了深灰色的漩涡状白浪和东风浪。长长的白色泡沫条纹在波涛汹涌的海面上形成一道道完美的直线。风撕扯着一切，猛烈地嚎叫着；我们不得不弯下腰才能不被吹倒。

我把目光从海面转向了我每天早上查看的岩壁。在那里，正在发生一场史诗般的战斗，我从未见过这么激烈的场面。

大风从西边的峡湾呼啸而来，直接冲进巨大的石壁之间。疾风猛地撞上了石壁，无处可去，只能直接上升。随着风向上转，一缕缕云凝结在空气中，形成数百英尺长的垂直白色条纹，向上涌起，覆上岩石表面，给它装饰了一条条飞速起伏的滚滚缎带。当风和云层到达山顶时，它们转向东方而去。那些数英里长的云带从石壁的顶部倾斜向上，以惊人的速度扑向内陆冰面。

突然，我听到约翰用发疯似的声音大喊道："船！"

我看向我们停船的小海湾，发现一场灾难正在降临。

约翰设计了一种巧妙的锚固系统来应对海湾巨大的潮汐落差。通常情况下，在潮汐较小的海岸，我们只需将船往上拖到海滩高潮线以上的地方，把它系好就大可放心了。但在那里，这是不可能的。十二英尺的潮汐差超出了海滩的落差。因此，约翰在离岸边大约一百英尺的地方放下了一个锚，还在上面系上了一个浮标。他还把一个滑轮绑在浮标上，另一个滑轮则与岸上的岩石捆在一起。穿过两个滑轮的绳索使我们能够固定住船头和船尾，然后用绳子把船拖到离岸边一段距离的地方；到了早上，我们只需将船拉回来。这样，无论潮汐落差大小，船都可以安然地经受潮汐和水流，不会撞到岸上的岩石。

　　然而，从我们的营地望去，可以看到船已被大风吹动，拖着船锚，划出一道大弧线，朝着岸边而去。它的前方就是锯齿状的岩石角。我们虽然带了修补船的装备，但是如果船被撞毁了，那些工具还不足以修理整艘船，小队也没有备用船。我们迫切需要这艘船完成工作；没有它，我们就会陷入困境，夏天即将过去，一年之内我们也再没有回来的机会。眼下唯一的办法就是把船弄上岸，而宝贵的时间已经所剩无几。

　　约翰已经飞速地奔向了鹅卵石海滩。凯和我紧跟在他后面跑去。我们同时到达海滩上方的小悬崖，然后轮番爬了下去。约翰冲过卵石滩，抓住了船上的绳子。我们三个人开始拽绳子。由于一些莫名的原因，受到三人身处位置的几何形状所困，每次我们一拉绳子，船都会加速冲向岩石。我们停了一下，试图想办法解决这个问题，而这艘船正朝着灭顶之灾前进。我们只有几秒钟时间，但除了拉动船之外好像没有别的方法。事情似乎已经毫无希望，因为我们可以清楚地看到眼下没有时间拉足够多的绳子来让船不撞上岩石。

　　"没有选择。我们必须拉！"凯喊道。

　　虽然不抱希望，我们还是再次抓住绳子继续拉扯。

　　我们挣扎了几秒钟，拼尽全力尽可能快地拉动绳子，眼看着灾难似乎不可避免。然后，就在小船距离第一块锯齿状岩石仅仅几英尺时，风几乎骤然休止了。船也停了下来，开始懒洋洋地随着潮流漂向浮标。几分钟之内，狂风过去，焚风再次吹起，太阳又出来了。

我们松了一口气，约翰重新安置船锚，凯和我返回营地。走在路上，我转身看了看那块岩石壁。它沐浴在云层间散落的阳光之下。虽然云的阴影不时来了又去，但是在那傍晚的光线下，岩壁表面闪闪发亮。

鸟鸣与神话

我们在阿赫费肖赫菲克峡湾的南岸工作，就在枕状玄武岩与闻起来像烧焦头发的那块岩石的更西侧，寻找更多关于这片古老海洋的证据。这个地方是航行所能到的最西边，同时还可以保证我们有时间和燃料返回营地。

天气晴朗，轻风从北方吹来，气温比通常情况暖和些。这是一个漫长而富有成效的早晨——我们收集了一些不错的样本，在野外考察本上记录了不少岩石材质的测量结果，甚至有一些线索暗示可能存在我们正在寻找的那种变质历史。我们决定休息一下，去岸边的一个由岩石庇护的小洼地快速地吃顿午餐。

约翰把"十二宫号"转向海滩，并在关掉发动机和减速停下之前短暂地加大了油门。当船冲到沙地上时，凯和我跳了出去，然后我们将它拖到涨潮区的上方，牢牢捆绑好。

我们找到了一块被阳光晒得暖和的岩石凹陷处，扔下各自的背包，安顿下来吃午饭。我们一边吃着腌鱼和黑麦面包，喝着热水瓶里的咖啡；一边聊着我们的所见以及沿着海岸向西要去探访的东西。随着讨论的继续，下午的风开始吹了起来，从东北方向猛烈袭来。风在水面上掀起了逆浪，我们原本必须逆风行驶以回到营地，但现在逆风而上会难以航行，所以我们决定快速穿越到北岸，到了那里我们可以在山丘和断崖的背风处航行。由于海岸沿线还有很多地质情况的地图尚未被绘制出，这个计划有助于我们在标注稀疏的野外地图上填补更多数据点。我们缩短了午餐时间，重新整理了背包，迅速顺着碎石坡往下爬到沙滩，然后继续前行。

我们在北岸想要考察的第一站就是用来计划行程的航拍照片上的一块神秘白斑。几十年前从两万英尺高空拍下的这张旧照片上，有一个大约半英里宽的毫无特征的白色区域，它就在北岸内陆，与一个狭窄的半岛分开，像是照片上的一个瑕疵。它似乎有一个通向峡湾的小入口，周围是陡峭的悬崖，但除此之外，没有线索说明它究竟是什么。那抹白色跟四周的淡灰色与黑色苔原、海水和片麻岩形成了鲜明的对比。

因为有一股汹涌的潮汐，约翰调整了船的方向，打算在入口以西约半英里处切入北岸，这样我们就可以随着涌来的潮汐慢慢返航。

在两英里的开阔水域中航行，逆着五节流速的洋流过来，大约需要二十分钟。我们一直在寻找那片必定位于远处岸边的白色土地，但是被一个小小的断崖挡住了视线。我们一绕过去，约翰就把"十二宫号"掉了头。我们沿着水边慢慢地顺着潮汐向东行驶，时间一分一秒的过去，我们的期待也愈发迫切，因为太想知道那片白色土地到底是个什么样子。

到了距离入口几百英尺的地方，遮挡那片白色土地的断崖消失了，我们见到了它第一面。就在水边，一个几十码宽、或许五十码长的平坦的片麻岩基岩架，在缓缓上涨的峡湾水域上方一英尺处形成了一处小浅滩。随着海水永无止息的涨落，片麻岩被清洗得干干净净。这个小半岛的航拍照片一定是在潮汐水位更低的时候拍摄的。约翰直接把"十二宫号"开了上去。

这片看不出特征的白色区域，实际上是一块由细腻泥土形成的巨大的潮汐浅滩，浅滩被广阔的白色沙滩环绕，尽头是由纯净的白色粉状沙子和淤泥构成的陡崖。山崖由几千年前从冰盖底部喷出的溪流沉积物切割而成。从沉积物的外观来看——前部的岩床被几米长的白色淤泥覆盖——那些古老的水流当年涌进寒冷的峡湾时，一定形成了宽阔的三角洲。虽然目前的冰锋距离我们的所在地以东，要近四十英里，但是当白色沉积物最初沉积为三角洲时，冰的边缘必定距此不到一英里。潮汐浅滩由相同的沉积物组成，在冰盖退去数千年后，通过潮汐浪涌以及季节性降雨，经受了一次次的再加工和再沉积。

潮汐浅滩的白色表面一片荒芜，寸草不生，这是一种罕见的北极沙漠细泥，它作为一层无菌膜存在，受到峡湾边界的基岩边缘保护。当退潮时，泥浆暴露在空气中，会略微干燥，变成那毫无特征的白色存在。我们很快也明白了为什么没有植物在这里生长——潮汐循环使泥浆变得偏咸，而冰川的外来沉积物则缺乏营养。

我穿过小小的半岛来到沉积物边缘，跪了下来。沉积物的表面平淡无奇，几乎完全是水平的，是可以想象出的最光滑、最平坦的大片的自然土地。几分之一英寸深的峡湾水从它上面流过，随着潮汐的升高慢慢地入侵其中。午后的阳光在镜子般的水面上闪烁，映出苍白的天空和白色的山崖。

那里没有任何可以捕猎或采集的东西，不太可能有人曾来打扰过这个地方。它所散发出的是一种荒芜的光晕，似乎映射出更远古的时代，数十亿年前，那时还没有陆地植物，最初地球上的山丘、山谷及绵延的平原还只是岩石和风积沙。原本在这样的地方，生物只有吸饱水、被由液体浸渍的泥浆覆盖和浸没，才能生存下去。

我沿着基岩边漫步，绕过了正在阳光下晒着的泥浆。闪闪发亮，水分饱满，一片静置的纯粹白色——这泥浆有种不可抗拒的吸引力。我跪到地上，慢慢地将手指伸进去，想知道它究竟有多深。

奇怪的是，我可以看到我的手指穿透了泥浆顶部有一英寸，但是泥浆的质地是如此的细腻水润，与气温是如此完美的平衡，让人没有感到阻力或异样。当我把手插得更深，那感觉就像穿过一堵神奇的墙壁，进入了一个不同的领地，一个由异域和想象之物构成的世界。

在黏土灰白色表面的下方半英寸处，一股流动的黑色有机软泥在我的手指上泛着光亮。随着黏土的保护膜被破坏，潜藏在地底下的旺盛生物带着复杂的原始世界的硫黄香气涌进了空气中。

30亿年前，单细胞生命群落在早期地球的潮汐浅滩和河床上定居下来。除了有养分和水域的限制之外，生物体繁盛地生长，不受任何阻挡。潮汐浅滩表面的黏土，保护脆弱的有机分子免受电离紫外线的辐射，并保存了生命化学反应所需的水分；潮汐周期补充了生物体减少的水分；阳光给予生物体温暖。在那静谧的泥土中休憩的就是我们的源起之地，我们残存的家园。

约翰和凯在四分之一英里外，测量构成片麻岩基岩中的彩色分层的倾斜角度，确定距其诞生过程早已久远的构造。最终，我走到他们身边时，手上还滴着迅速风干了的泥浆。

就在这时，凯转向"十二宫号"，说道："先生们，我们得快点儿了。潮水要把船抬起来了。"我抓起锤子，又敲下来一个样本，快速贴上标签并装了袋，然后向船跑去。

当船驶入峡湾时，除了发动机轰鸣之外，我们突然听到了奇怪而响亮的呜呜声。无法辨别那是什么，我们一开始选择了忽略。但是那个奇怪的声音愈演愈烈，一直不停，最终约翰关掉了舷外发动机，方便我们可以仔细听听。

声音来自两英里之外的峡湾，悲伤、痛苦而又曲调顿挫。在我们聆听的过程中，它逐渐变成了一种女声的交响合唱。

我们觉得不去调查一下实在是不负责任——也许有一艘小渔船沉没，人们被困住了，或者发生了其他一些悲剧。约翰调转了方向，我们开始往回穿过峡湾。

到了距离峡湾很近的地方，哭声变了。起初，哀号变得支离破碎，不再那么洪亮；然后，我们听到阵阵的响声和断断续续的尖叫声。约翰将船停了下来，我们再次听了下去。

峡湾南岸是一块巨大的岩壁，从水面陡然升起数百英尺。它几乎完全不在阴影中，表面是灰色的图案。起初，这就是我们所看到的景象。随后，直到我们的眼睛都盯得发酸了，才发现有数百只盘旋的海鸥在来自悬崖的上升气流上面飞来飞去。

事实上，那岩壁是一片栖息地。从鸟儿的数量和叫声判断，似乎有什么东西让它们受惊了，也许是北极狐，也许是我们船上发动机的噪音——这就无从知晓了。

大家被这次上当受骗逗乐了，掉头沿着来路返回。当我们回到原来的位置和航线时，哀鸣再次开始了，鸟儿的叫声变回了悲伤的阵阵啼哭。

我们所经历的事情很容易解释。在寒冷的峡湾水域，冷空气积聚在一起，形成一层厚达几英尺的致密层。更高海拔地区的空气，温度较高，密度较低。由于声速会随着温度和密度变化，当受到分层的峡湾大气折射时，声波会被扭曲并且音调也会发生变化。在大多数地方，这些影响微不足道，甚至不会引人注意，因为在一个地方说出的话听起来会与原本预期的一样。但在适当条件下，折射可能是戏剧性的，声音也会失真。坐在小船上，我们的耳朵沉浸在寒冷致密的空气中，距离鸟儿的鸣叫声超过一英里后，传播的声音被扭曲了，演变成一种听觉上的海市蜃楼。

然而，这样的解释会使这次经历显得不值得一提。沿着峡湾的边缘巡航，回到营地时，我忽然想到，我们所听到的几乎可以肯定就是海妖塞壬的声音，那是奥德修斯在3200多年前听见的神秘物种的声音，他被绑在船的桅杆上，而他的船员们努力保持航行，并往耳朵里塞上了蜡，这样就不会因被塞壬的歌声诱惑而毁灭。

就在那个自然界孕育神话的地方，我们进入了事物的表面以下。我们转入峡湾的这一点偏航，是一次穿过渗透膜的短途之行。

鹧鸪

不可避免的是，想要和一起来到野外的同伴们和睦相处，洗澡是必不可少的。在北极的野外洗澡固然令人清爽振奋，却只是一种任务，而不是一种乐趣。这有两个原因：一是大多数溪流和湖泊都是冰融解而成的，这使得水非常非常冷；另一种情况是，在晴朗的天气里，如果没有微风，温度也暖和得适宜洗澡，那就会有成百上千只蚊子成群结队地飞来，在人裸露的身体上饱餐一顿，因此唯一的解决办法就是在有风的时候洗澡，风大到足以把蚊子挡在下风向，但这又令浸到水里变成难以想象的痛苦。

七月的某一天，天空灰蒙蒙的，吹起了一阵微风，是时候洗澡了。距离上次洗澡已经过去好几天，我已经浑身汗臭了。

那天早上，我花了好几个小时做心理建设，等着气温再升高一两度后，我抓起肥皂和毛巾就冲了出去。

北极红点鲑游过的那条小溪在我们的东边，离我们只有四分之一英里多一点儿。在进入峡湾之前，小溪在一条有小石块堆积的沟壑里蜿蜒流淌。湍急的水流源自连在一起的三个湖泊，其中最东边的湖就位于冰盖的边缘。走到小溪边很容易，这令人惧怕的路程几分钟就走完了。

到了小溪边，我边走边找有遮蔽的小水池。在一个小弯道附近出现了一个完美的地点，比预期要快得多。溪水流进了一个很小的集水区，深到可以把人淹没，为我在冰冷的瀑布下提供了足够隐蔽的空间。

深吸一口气后，我很快脱下衣服，跳进水里。如果说这就让我喘不过气来，那绝对是说得太轻了——可能同伴在营地里都听到了我的喘息声。当我瑟瑟发抖、扭动身体的时候，一股剧烈的寒冷和刺痛从我的每一寸皮肤上爆发出来。我尽可能快地把自己浸湿，站在风中抹上肥皂，然后又潜到瀑布下冲掉。我总共在水里待的时间大概不到三分钟，但感觉像是几个小时。

我从水里爬出来，晃晃悠悠地站在摇摇欲坠的巨石上，在刺骨的微风中尽可能快地擦干身体。我的皮肤被冻得发红，粗糙的毛巾能做的似乎只不过是把水涂抹在满是鸡皮疙瘩的身上。我踉跄地走在石头上，去拿放在灌木丛里的干净衣服，还撞伤了脚趾。等我费劲地穿上衣服，手脚已经开始痛得麻木了。而一旦我穿好了衣服，从寒风中解脱出来的感觉就变得妙不可言。

回到营地的路要先沿着溪口的鹅卵石滩向前走，然后爬上一个小悬崖走到苔原带上。当我慢慢地走着，隔寒的层层衣服下面干净的皮肤让我觉得神清气爽。冰冷彻骨的刺痛感消退了，对光线、空气和气味的敏锐感给了人一种新鲜的印象，世界不知何故焕然一新。一切都显得生机勃勃，格外真实。

我陷入沉思，穿过苔原地毯上的青草和矮小树丛时，感受到了一种归属感，一种广阔天地里的宾至如归的感觉，一种取代了洗澡时的那种惧怕的感觉。我放松了，能感觉到自己的肌肉都松弛下来。

这时，就在我的左边，有东西在我的视线边缘一闪而过。我又走了几步，没有去管它，不想打断在那安静之处散步的简单乐趣。但我担心可能会错过什么，于是停下脚步，转过身，沿着来的路往回走了几步。突然，离我只有几英尺远，有一只跟个头大些的鸡差不多体格的母鹧鸪，好像不知从哪儿冒出来的，飞快地跑开了。它没走出多远，不过一两英尺，就又回到了苔原上，抖动着张开了羽毛。尽管我们之间的距离很近，但想在苔原里找到它还是需要全神贯注的。它身上的棕咖、深褐和黑色斑纹与它所倚靠的植物颜色和纹理完全吻合。我被它表演的视觉魔术迷住了，把头转过来又转过去，试图找到一个能让我看清楚它的位置，但它还是不断融入了风景中。

　　为了换个不同的观察角度，我向左迈了一步，这时又有其他东西移动了。在它身后三英尺的地方，一只幼鸟飞了起来，又停在树叶中间消失了。然后，几乎就在第一只幼鸟的旁边，另一只鸟宝宝闪现了，它蜷缩在草丛里，几乎难以察觉。我不想再吓唬它们了，后退了一步，但这动作又让鸟妈妈吓了一跳。它跑向那两只鸟宝宝，它们三个一起呆立在了那里。令人惊讶的是，就在鸟妈妈站着的地方，又一只小鸟出现了；鸟妈妈一直用翅膀保护着小鸟，直到它再也受不了这种紧张的气氛。我往后退了几步，想看看还有没有其他小鸟。

　　我手脚着地跪了下来，然后平趴在地上，想对着天空看看能否找到小鸟的身影；我希望能发现更多的小鸟。当我的脸离地不到几英寸的时候，我突然被一阵阵的甜蜜花香味所淹没。当我轻轻地躺在地上时，之前没有注意到的几十朵花的香味吞没了我。北极罂粟和白色的极地欧石南穿插在山酢浆草、毛茸茸的紫薇、紫色虎耳草和山地水杨梅之间。我沉浸在植物的海洋中，被带入了一个意想不到的世界。

　　有那么一瞬间，那些鸟被我抛在了脑后，我的注意力集中在辨别不同种类植物的香味上，但复杂的混合香味却让我不知所措。气味来来去去，仿佛乘着轻柔的、飘荡的微风，在地上流淌成阵阵波浪与条条溪流。难怪大黄蜂几乎总是在地面上飞来飞去，在那里的花丛中嗡嗡作响。气味是它们的地图，那地图就在植被表面的上方。嗅觉的愉悦感在那里流动，气流的每一个组成部分都标志着一种诱人花朵的存在。这种我们将之作为气味感知到的有机信号，对蜜蜂来说肯定远远不止如此，但那又是什么呢？

开心地沉浸在花丛的气味之中，我再次寻找那些小鸟，又发现了一只，它离我稍远，就在我第一眼发现的那两只小鸟后面。鸟妈妈就在它的孩子们身边，尽它所能保护它们。终于，可能是出于绝望的最后挣扎，它假装翅膀折断受伤，一瘸一拐地走开了，试图把这个大块头的人类入侵者引开。

我满心内疚，因为自己不小心闯进了它的生活而被当作了一种威胁；于是我动身离开，同时意识到那些小鸟所知道的那个世界是我永远不会了解的。在离地表几英寸的地方，我们熟悉的微风由于被碎石、巨石和苔原山丘阻挡而缓和下来。在这样的静谧中，气味容易积聚和混合。一个充满香气的世界会笼罩着幼鸟，浸透它们的羽毛，成为小鸟积累生存经验的感官背景，这是它们唯一知道的现实。

当我站起身来，香味消失了。我深深地吸了一口气，想寻找它们的迹象，但在我经过的空气里再也没有什么可闻的了。

显而易见的教训就是，比例的大小至关重要。这个世界不

是为我们设计的；我们所填充并体验到的只是其中很小一部
分。我们进化到刚刚好适应一个大约八英尺高、几英尺宽的空
间。这方面我们做得不错。但是，我们通常并不了解存在于苔
原植物和吸水土壤里的那个世界，也不知道潮汐涨落之下的复
杂形态，更不清楚游隼飞翔着经过时的混乱气流。不去注意这
些事情，会让我们变得贫乏和无知。

在某种程度上，科学提供了一种了解途径。它试图深入研
究表面之下的经验并去描述那里存在的事物。无论研究范围大
小，对科学的追求表明，每个领域存在的内容都远远超过人类
想象力所能创造的范畴。

然而，科学无法提供或解释这些空间所激发的人类体验，
也无法说明最初我们为什么想寻求理解这些体验。了解一个地
方的那些数据和客观描述只是满足了人类对于知识的渴求，而
这种渴求本身仍然是最神秘的事物之一。

清　水

基岩是构成景观的支柱，它塑造地面印迹，引导风的走
向。潮汐的流动受到它的限制；冰原依附在它的上面。基岩是

无法穿透的。我们用锤子砸下来一些样本，敲打的声音震耳欲聋，却没有任何东西流淌出来，但在那晶体支架中，又确实有水存在。这些水来自很久以前，那时岩石只不过是洋底的淤泥。经过缓慢的埋藏和再结晶，那些形成新矿物的原子晶格以系统的方式捕捉水分子，保存下来以备将来之需。

格陵兰岛被成千上万的峡湾切割，又被无数的岛屿和礁石环绕，致使它拥有的海岸线和地球周长一样长。主宰着它的冰盖蕴含了超过六十万立方英里的冰水。因此，这是一个被水定义的地方。当一个人敏锐意识到这个现实，预期之外的观点就会出现。水和岩石的亲缘关系究竟如何，这个问题必须进行研究。

在冰盖最西边的峡湾水域，没有淤泥和泥土存在，海水晶莹剔透。许多年前，当我第一次动身参加格陵兰岛夏季探险时，我就知道这是一个由大海主宰的地方。然而，在大脑中明白这一点与在现实中体验到是完全不同的两回事。

在那第一次远征的一个午后，天气异常温暖，我沿着一个小半岛中心的低矮山脊行走，向左看了一眼清澈的小海湾，海湾终止于四分之一英里外的石滩上。接近垂直的岩壁围绕着海湾的南北两侧直插入水中。海水深约十五英尺。阳光耀眼地照亮了海底，通常水下世界的颜色是柔和而暗淡的，但此时跃动的闪亮光斑穿透了空气。你能想象出的每一种绿色、紫色和灰色，在黄色和蓝色斑点的映衬下突显出来，闪闪发光。

奇怪的是，一道近乎黑色的切口冒了出来，在我脚下海岸边的水中划过。它有三英尺长，呈直线状，靠近水面，与海面上由闪耀的色彩构成的不对称、无定型的背景形成了鲜明对比。慢慢地，它朝着内陆的海滩而来，似乎随波逐流。一开始，我以为那是一块漂流木，从一个有树木生长与原木存在的遥远地方乘着水流而来。最终，它轻微的摇摆起伏表明了身份——是一条鱼在那水晶般剔透的液态空间里缓慢游动。它似乎不饿，也无意捕食，更像是在正午的阳光下放松，随意地享受着自己世界里的宁静。

那天晚些时候，我走在回营地的路上，那片液态空间的奇妙景象一直萦绕在我的脑海里，于是我决定要再去多看看。我们有一艘用来短途旅行的小划艇，可以去营地附近，围绕海湾的峭壁取样与探索。

我带着五十码长的单丝钓索、一个鱼钩和一块两盎司重的铅坠，划着小艇跨越了我们营地所在的小水湾，去往对面的一个崖面，那里看起来可能是个不错的钓鱼点。已经到了傍晚时分，阳光从低低的角度斜射下来，照亮了岩壁，带着一种经水滤过的优雅光韵。我停下了船，直视着清澈的海水，好奇底部能看到什么。但那里的一切东西——海藻覆盖的石头、鱼、贝类和鹅卵石铺成的海床——都在闪着光流动，让人感到眩晕。似乎有什么东西在操纵着光线，超乎自然，出人意料。

这个海湾是我们营地后面一条小溪的出口。溪水在石头上潺潺流淌，穿过长满青草的地带，浸润在阳光和地表的暖意之中。海湾的水非常冰冷，当溪流汇入海里，它像淡水舌①一样飘浮在寒冷的高密度盐水之上，其结果就是一层几英寸深的淡水在海水的背上流动。淡水和海水的交界处是不同密度的边界线，它在小漩涡和小内波中混合成一体。流体的温度和成分差异使得从水底反射的光发生弯折，扭曲了图案，偏转了颜色。

我把手伸向淡水边，将手指探了进去。向下移动几英寸后，我的手指穿过了滑动的边界层。我毫无痛苦地看着自己的皮肉被拆解成一团旋转舞的抽象图形，而我的五指变成了我一无所知的东西。

我把手从水里抽了出来，继续划船驶向岩壁，这时一道魔幻的光环落在了海湾上，仿佛我即将进入的是一个静待被发现的世界。水位线以上是一系列锈棕色和白色条带，它们是该地区典型的富含硫化物的片麻岩和片岩。然而，靠近崖面后，我

---

① 淡水舌，又名"低盐水舌"。河流注入海洋时，淡水与含盐量较高的海水混合，向外扩散，河口外海区的等盐度线会向该方向呈舌状伸出。——译者

很明显地看到，水位线之下的颜色与上面全无相似之处。水位线成为一个中断之处，以惊人的精确度将水下世界与陆地切割开来。在水下，没有陆地上那种明显的条带痕迹。相反，一道浓郁的深紫色覆盖在崖壁上：海水至少有三十英尺深，虽然清澈可见的水底是随意混合的浅色石块、沙子和砾石，但整个崖壁从水位线到水底只是一抹简单而醒目的紫色。

到了距离水下崖壁仅仅几英尺的地方，我这才发现那片紫色分解成了成千上万只海胆，它们如此密集地簇拥着，以至于身上的棘刺都纠缠在一起、形成了一个有机的刺网。在数百英尺大的地方里，它们之间几乎没有一英寸的间隙。仔细观察下来，很明显，看似静止的紫色表面其实还有细微的动作，每只海胆慢悠悠地穿过庞大的队伍，在水流中懒洋洋地挥动着棘刺，品尝被邻居们遗漏的各种藻类残骸。我沿着水边漂流了几分钟，惊叹于海胆的生存本能，这种生物体缺乏思想，却会受到进食的迫切需求的驱动。

最终，我划船离开了岩壁，想去看看更多的水下画面。我的目光虽然聚焦在三十英尺以下的海底，却仍被注意力之外的、就在水面下方的东西所吸引。起初，在水中漂浮着的东西看似是一根斑斓闪光的金属丝，在无形的波浪中微微地反复荡漾。然后，就好像一层面纱突然被掀起一样，那根丝线分散成了数百根小丝线，在温和的水流中跳着缓慢的芭蕾舞移动。我收起桨，俯身趴在船舷上，试图弄清楚这是什么。"它"原来是数百只小型栉水母——一种海洋无脊椎动物，看起来像水母，但属于栉水母动物门（水母则属于刺胞动物门）。每只水母的形状都像一个三到四英寸长、两英寸宽的灯笼。它全身上下长了八条细细的纤毛，随着纤毛推动海中慢慢转动的小灯笼，会闪烁出七彩光芒。纤毛在有节奏的波浪中循着几乎透明的身体漂浮，让人感觉像是在清澈的海水中翻滚的彩虹色细线。船的周围，我的目光所及之处，全被它们环绕着，这让我沉浸在闪烁的、动感的魔法世界中。

除了放弃自己的意图、与水母一起在水面漂浮，我似乎别无选择。我躺在船上，脑袋靠着船尾板，凝视着光线和色彩形成的无声景象，如痴如醉，而小船就在这温柔的水流中缓缓转动。

鱼之河

日子一天天过去，在这段为了证实凯和约翰之前的结论的探险期间，我们三个人更加确信那个推断中的缝合带就位于我们正研究的区域；我们也正在绘制它的地图。既然意识到了这一点，了解卡尔斯贝克与其同事们在 1987 年发现的古老的火成岩与我们穿过的缝合带之间的关系就变得尤为重要。现有的地质图似乎表明岩浆体没有延伸到北斯特勒姆峡湾剪切带以北。但这仅仅是一种偶然的地质关系，还是意味着剪切带在一些巨大的构造作用中穿过了冰冻的岩浆室，从而该火成岩的其余部分被移动到了某个未知的位置？剪切带中的铅笔片麻岩告诉我们，岩浆一旦冻结、冷却并凝固，就会在那里发生明显的变形。如果剪切的铅笔片麻岩是岩浆体中唯一保留的显著变形，如果岩浆体只是像在剪切带中一样的变形，那么几乎可以肯定北斯特勒姆峡湾剪切带就是约翰和凯多年前描述的主要构造特征。我们一直在追寻答案的问题就变成了，铅笔片麻岩是在整片地区都能发现，还是它们仅仅存在于剪切带内部？

因此，在一个阳光明媚的早晨，我们动身去考察那些被剪切的火成岩是否存在于我们营地东南部的一片区域之中。对它们进行采样，看看它们究竟长什么样，这将有助于确定我们要如何讲述这座古老山系的故事。

我们乘着"十二宫号"巡游，穿过峡湾，来到一个小海湾与入水口能够充分暴露地质情况的地方。微风拂过水面，令旅途变得轻松愉快。整个早上，我们停了几站，但没有发现那些古老的冰冻岩浆体有明显变形的迹象。

到了快中午的时候，风已经停了，整片空气都静止下来。

随之而来的，是成群结队的盛夏蚊子不可避免地涌了出来，它们无休无止的高频嗡嗡声让人神经紧张。我们拿出手套和蚊帐帽戴上。大家已经习惯于戴着蚊帐帽和手套进行野外工作；没过多久，我们就会忘了蚊帐帽的存在，手套也很容易穿戴。但到了午饭时间，蚊帐帽和手套就成了麻烦。为了躲避蚊子，我们决定让"十二宫号"全速前进，冲进峡湾，把那群"吸血鬼"留在我们身后。我们把水瓶和午餐都扔进了背包里，约翰很快就把舷外发动机开足了马力。当我们在明镜般的水面疾驰而过，云团般的蚊子迅速散去，我们松了口气，把帽子和手套塞进背包，扔到了"十二宫号"的船板上。

我们一离开蚊子的势力范围，约翰关闭了马达，船就慢慢地随着潮水漂浮，懒洋洋地在水中转着圈。峡湾的水就像一块闪闪发光的玻璃，它会偶尔拍打船的外侧，这唯一的声音打破了绝对的静谧。冰盖上落下来的小团冰块从我们的船边漂过，一路逐渐消融直至不见。我们聊了几句，充分沉浸在这里温暖的阳光下，并慢慢享用了平时常吃的午餐——面包、沙丁鱼和奶酪，又猛喝了一保温杯的咖啡。

吃完午餐，我们开船掉头回岸边的时候，微风再次吹起。当我们登陆时，蚊子群又落了下来，但微风让它们一直处在下风向，那些咄咄逼人的疯狂"乌云"似乎因为无法接近我们而一直尖叫着。我们把蚊帐帽收起来，手套也摘下了。

我们上岸的地方是一处小鹅卵石海滩，旁边是缓缓倾斜的由片麻岩构成的长长的露头。岩石中的分层垂直于海岸线，这意味着我们可以轻松地穿过许多不同的岩石类型，去一边测量和采样，一边把漫长的历史碎片拼凑在一起。

我走在了凯和约翰前头，他们正在争论片麻岩里的某个问题，我并不怎么感兴趣。天空是如此的蔚蓝，似乎亮得发出了光。水映照着这样的天空时，通常呈现为一种浓烈的钴蓝色，而现在则是一抹朦胧的浅绿色，因为有细小的碎岩石随着东边几英里外的冰盖底部冒出的融水涌入了峡湾。

最后，我绕过了一个小点，来到一块被磨得光滑的石头面前，白色岩石中薄薄的黑色分层被错综复杂地折叠成扭曲的手风琴状。我徘徊了一小会儿，单纯地享受着石头的宁静之美，同时试着对它做一些科学的认识。我还是忍不住觉得，是一位不知名的陶艺家沉迷于某种抒情幻想而顽皮地创造出了这一切。

几分钟后，我掏出了笔记本，趴到地上更近距离地观察岩石中的矿物质，开始写下似乎是自动冒出来的故事。岩石的质地紧紧地贴着我掌心的皮肤。有的岩石像玻璃一样光滑，被冰河时代的冰川在几千年前用水和淤泥打磨得锃亮，但也有一些小块岩石的抛光的表面已经剥落，露出了石英、长石和角闪石破碎的水晶面。我用手划过对比鲜明的材质，对于光滑表面与粗糙边缘之间截然不同的触觉体验感到好奇。

温暖的日子令人舒心。即使太阳出来，格陵兰有时也十分寒冷，但是那天的温暖让露头岩石吸收了阳光，并散发出一股令人舒服的热量。我拿下背包，脱了夹克，然后躺在石头上，感觉到暖意穿过衬衫渗透进了我的皮肤。我一动不动地在那里躺了好几分钟，品味着那种宜人而奢侈的简单触感。过了一会儿，我转向右侧，默默地观赏这个世界，天际线上静止的巨大冰墙引起了我的注意。

那里没有海滩，只有白色的岩石环绕着海洋。离它一步之遥的地方，碎裂冰盖上的一些小冰块在一片正退潮的潮水中懒洋洋地浮现。

这时我注意到一大群看起来像是鲱鱼的鱼儿在慢慢游动，距离水边只有几英尺。我惊讶地意识到它们原来一直都在那里。

鲱鱼常常出现在峡湾中，但通常是单独或小群的出现。它们几乎总是显得昏沉沉又懒洋洋的，从一边扑腾到另一边，好像毫无力气去以协调的姿势移动自己的鳍和尾巴。但是靠近水边的那群鲱鱼，它们是在有目的地游，像一条缓慢的河流似的朝着峡湾的前部而去。它们聚集在水浅、温暖且受到保护的地方。成千上万条鱼在一条好几英尺宽的河带里移动，从水面延伸到隐藏在黑暗中的水的深处。很难判断这条有生命的河流到底有多长；它向着两端延伸开，超出了我的视线范围。我坐在那里，被深深迷住了，很想知道是什么集体命令将这么多的个体带向了一个它们无从知晓的目的地。

突然，这条鱼之河炸裂开了，星群爆发般的向四面八方散开，从我面前的一个点向周围游去。疯狂的恐慌似乎席卷了每一条鱼。水面被鱼尾和鱼鳍拍打得翻腾起来；如果鱼能发声，空气一定会被恐惧的尖叫声淹没。

紧接着，我甚至还没来得及用手肘撑起身，就从不透明的海水深处飞射出一个张开的大嘴：一只巨大的北极杜父鱼袭击了鱼群。就在一瞬间，这只黑色的大鱼抓住了其中一群落后者，随着鲱鱼在它五英寸的大嘴里徒劳地扭动，它慢慢地沉入了浑浊的水中。

北极杜父鱼，又叫大头鱼，并不是一种漂亮的鱼，其主要特征是头部瘦骨嶙峋、身体多刺以及一嘴尖利的牙齿。它生活在靠近水底的地方，浑身覆盖着深灰褐色和黑色的斑点，以便伺机捕猎那些行动迟缓的小鱼。这可是我第一次见到它。

大概有十秒钟时间，被分散的鱼群在一片混乱中游动，不知道该做什么或去哪里。然后，在并无任何明显信号的情况下，鱼之河又重新组成了一体，开始变得像先前那样，恢复了浮浮沉沉的生存模式，追求着一种未知的命运，忘记了死神才刚刚降临过。

　　鱼是一种简单的生物，缺乏梦想成功或期盼未来的能力，也不会去想象慷慨激昂的故事或是远方的目的地。那么，如果完全没有预期，面对死亡的恐惧时会是什么感觉？被迫的无意识迁徙，最终仅仅是为了确保物种生存，那么个体的感受到底是怎样的？追随着别人，朝着某个未知的、无形的、无法定义的、不可抗拒的东西而去，体验会是如何？没有深思熟虑的欲望或想象力，生活又是什么？

　　我坐在那里的一会儿功夫，这出生死大戏又重演了四次。每一次，移动的带状鱼群炸裂成一片散落的星星点点，杜父鱼就窜上来杀死一群小鱼，然后又沉入幽暗的深处。当我离开的时候，那条鱼之河依然望不见尽头。

　　那天晚上，我回到厨帐里，在一袋袋做晚饭的冷冻汤和蔬菜的包装被凯撕开声，以及普里默斯炉子上水沸腾的嘶嘶声的背景音里，我仍惊叹于无处不在的生死斗争在那样的景观中的展现。鸟类的骨头、北极狐的头骨、驯鹿的角就散落在苔原的表面——遍布我们所到之处，这些晒得雪白的色块点缀着深色的地表，它们证明了推动演化变革的进程。未来就不断地诞生于铺满遗骨的地面之上。

　　在这个被设计和制造出来的工业世界里，我们无法了解我们所属的自然究竟是什么。我们是数十亿年间不断展现的变化的产物，这种变化并不受我们自身意图的影响。要想真正了解我们是什么，以及我们所属于的是什么，就需要去了解未经雕琢的荒野——那里是骸骨遍布的地方。

　　一顿晚餐结束后，约翰和我把盘子、餐具及厨房锅具拿到了我们最喜欢的洗碗石上。约翰忙着冲洗；我常常洗不干净所有的食物残渣，所以我们约好了我来负责把餐具擦干。在等着一个个锅和盘子时，我凝视着水面，沉浸在了自己的思绪中。

　　过了一会儿，我转向约翰，看到一大群蚊子顺着风向、乘着最轻的微风涌到了他身后。我举起一个还沾着肥皂泡的盘子，在嗡嗡作响的蚊子群中挥了挥。我翻过盘子，展示给约翰看。在六英寸见方的肥皂水表面平摊了三十七只蚊子。约翰笑了笑，拿过盘子，冲洗掉蚊子，然后把脏水倒在了苔原上。也许，在围绕着我们的宏大造物计划中，杜父鱼与我的区别终究不像我所以为的那么大。

印象之三

悼　念

　　这片深渊曾经生长着树木。
大地啊，你见证了多少变化！
那条原本喧闹的长街，已经是
　　海中央的寂静。

　　山丘成了阴影，它们流动着
从一种形状到另一种形状，并不固定；
　　它们像雾一样融化，坚固的土地，
像云一样，它们塑造自己的样子继而消失。

——阿尔弗雷德·丁尼生①

① 阿尔弗雷德·丁尼生（Alfred Lord Tennyson，1809—1892），英国维多利亚时
　期的著名诗人，《悼念》组诗是其代表作。——译者

我的左边是一处几英尺厚的小苔原堤，我的右边是一片鹅卵石海滩，我的膝盖旁边是四块骨头——一块椎骨、一部分肋骨，另外两块我无法辨认，它们被晒得发白并剥落，像骷髅的手指一样伸出苔原。地面上，一小撮白色的花朵生长在一片了无生气、无精打采的柔软草丛中，在微风中摇曳。那些骨头大约在苔原上突出了半截。肋骨碎片比我的大拇指长，但和大拇指差不多粗。从大小来看，这具遗骸很可能来自驯鹿。

六千年前，随着最后一个冰河时代结束，大片冰封的冰川不断融化后退，苔原开始生长。这些骨头要被埋在如此深的纷乱的植被根系与残存花朵之中，那只动物就一定是在三四千年前死去的。

就在那个时期，第一批人类穿越了加拿大东北部的岛屿，来到格陵兰岛定居下来。在此之前，驯鹿和麝牛在这片土地上自由迁徙。它们会害怕穿着衣服的陌生人类吗？它们会跑开，还是站着不动，好奇地凝视着这种从未见过的食肉动物？数千年来一直存在的景观，以及这个无人居住的世界里由此沿袭下来的生存战略开始受到挑战。看着这些骨头，我很好奇自己见到的遗迹会不会就是人与动物的其中一次早期的相遇。

千百年来，各种植物一直在驯鹿的残骸上饱餐，动物骨肉里的元素和化合物又由此重新变成了植物的茎秆、雄蕊、雌蕊和叶片。没有被吸收或是没有用的东西又渗回到了峡湾海水之中。潮汐循环和风将漏网的化合物循环到了深海，让它们在沉积物、浮游生物和鲸之间自由地流动。不易溶解的、剥落的白色骨头则保存了剩下的部分元素。

我抬起头，看着冰块漂浮在峡湾灰色的水面上，水波起起伏伏，在月亮、太阳和大海的合力编排之下翩然起舞。

显 现

你告别了你的家和祖国，离开了你的船，又抛下了帐篷里的你的同伴，说道："我只是出去一下，可能要一阵子。"暴风雪中远处的灯光诱惑着你。你向前走着，有一天你进入了寂静的核心，在那里土地溶解，海洋化为蒸气，冰川在未知的恒星下升华。这是否定之路（Via Negativa）的终点，知识的高坡逐渐缩小成暗淡的边缘，纯粹的爱开始了，无须对象。

——安妮·迪拉德①

① 安妮·迪拉德（Annie Dillard），美国作家，1945 年出生，1974 年以自然文学散文《溪畔天问》（Pilgrim at Tinker Creek）获普利策奖。——译者

浪 潮

荒野的寂静并非只是缺乏声音。那里有一种我们听不到的声音风暴，因为我们没有可以听见它的器官。在那片广阔的空间里，奏响着尚未实现的种种可能性，生与死，动与静——恐龙发出的回声，三叶虫的嗡嗡声，翼龙翅膀上的嗖嗖声。

我从帐篷里爬出去，想看看有没有人煮了咖啡，此时空气中氤氲的沉静令人清醒。穿过短短的一段苔原走到厨帐，沉浸在那种宏大的寂静中，我们那四顶小小的帐篷就显得惊人的脆弱。帐篷蜷缩在地面上，看起来短暂、纤弱、易碎，它们都被一小把铝钉固定在软绵绵的苔原下六英寸处。看着它们，很难不去想我们是多么的无足轻重。

我弯腰爬进帐篷的时候，扑鼻的香气带来了一丝安慰——凯已经煮好了咖啡，帐篷里的香味实在诱人。约翰几分钟后也来了，我们开始计划这一天的行程。

在营地以西七英里处是图纳托克（Tunertoq），一个我们尚未探索过的岛屿。它位于剪切带的北部边缘，成为我们此行的目的地。我们一边吃着常规的早餐，就是生燕麦片、一点奶粉和糖，然后再加些面包、饼干、奶酪、一点果酱，一边计划着去哪些岬角和海湾，以便找到更多的剪切带边缘，并试着去估算我们需要花多少时间。我们如果要描述碰撞带的形状，就很有必要绘制剪切带边缘的几何图形。做好一个初步的计划，并打包了午餐后，我们收齐了锤子、指南针、GPS 装置、样品袋和其他装备，然后前往"十二宫号"停泊的鹅卵石滩。

约翰把船拉过来，爬了上去，凯跟在他后面，然后我解开缆绳，把"十二宫号"推出去，再穿着湿靴子跳进了船里。约翰拉了几下发动绳之后，舷外马达咆哮起来，短暂地喷出一团漂浮在水面上的蓝色烟雾。趁着电机空转，他挂上倒档，慢慢地让我们倒着进入了峡湾。凯和我在船头站定，各自占据一边。确保一切都井然有序后，约翰换了档，慢慢将船转进峡湾，然后打开油门。随着一声尖利的轰鸣，发动机咆哮起来。

船的速度逐渐加快，船头落了下来，水花飞溅。我们从水上掠过，几乎接触不到水面。整个峡湾就像是一块玻璃，戴维斯海峡的浪涌几乎让人难以察觉。阳光在我们身后飞洒的水滴上闪耀，数百万颗亮晶晶的水做的星星在早晨凉爽的空气中闪闪发光。凯和我压低帽子，竖起衣领，拉起了风衣外套的拉链，因为船掀起的大风正与我们纠缠不休。

尽管探索发现的兴奋侵入了每一寸情感空间，但更为深刻的却是我们在那里的惊奇之感。在由岩石、水、冰和生命构成的这种强大地形中，极致的纯净充盈了我们的体验。美变得压倒一切，直入人心。这时，一种急迫不安的思绪悄悄地涌了上来。

各种有机化学物和少数微量元素怎么可能在它们内部聚集成一个可以观察风景和体验奇迹的生命结构呢？一种生物知道有美这样的东西，还知道美存在于最深的荒野之中，这意味着什么？在一个安全富足的地方游荡时可以体验一种宁静感，这样的进化优势并不难理解；但在这里，生活是残酷的，生存是一场斗争。然而当壮丽的风景从我身边掠过时，最深的敬畏与安宁还是席卷了我。

图纳托克岛长二十英里，宽四英里，沿东西方向延伸，位于阿赫费肖赫菲克峡湾北侧。在它的后面，一系列星罗棋布的峡湾向北边和东边延伸出四十英里，最终结束于内陆冰盖的边缘。在那里，巨大的河流从冰盖底下涌出，奔腾的融水汇入峡湾，冲淡了海水的盐度。当潮汐逐渐消退，复杂的水系支流和主流会为阿赫费肖赫菲克带来大量的融水以及裹挟的海水。到了涨潮的时候，水流逆转方向，峡湾又会提供维持内陆河道的水流。

这座岛屿是这片复杂的水系网络中的一道屏障，它在海水试图进出阿赫费肖赫菲克之处形成了一个巨大而坚固的瓶颈。内陆海域的两端只有狭窄的通道，海水必须经由这些通道进出。鉴于格陵兰岛的潮汐水位很容易达到二十英尺，当潮汐水流达到最高位时，可以看到大量汹涌的海水在这些通道中咆哮。

约翰戴着他的标志性蓝色棒球帽和墨镜，坐在外舷的右舷侧。凯和我则通过调整位置来平衡橡皮船的重量，以使船的龙骨保持平稳，并在高速航行时让船头处于较低的位置。救生衣就塞在我们身边的袋子里。刮风的日子或浪大的时候，我们会穿上救生衣，因为一旦落进冰冷的水中，人就会因体温过低而很快死亡。但是今天，鉴于水面如玻璃般反射着早晨阳光的明亮光辉，浪涌很低，风也平静，那些笨重的衣服就被我们收了起来。

突然，好像撞上了一堵隐形的墙壁一样，船几乎停在了水中，并从一侧猛地歪向了另一侧。约翰被甩到了前面，他拉下马达的操纵杆，螺旋桨从水里浮了出来，随着发动机的旋转发出刺耳的尖叫声。凯和我被弹到了船的侧面，差一点就掉进了冰冷的水中，幸而我们及时抓住了船侧浮桥上的扶手绳。我们努力将自己拽了回去，砰的一声滚回到甲板上，船也猛烈地从一边倒向另一边，摇晃不停，好像在试图摆脱我们一样。我们大口地呼吸，震惊不已，挣扎着爬回原位，回头去看约翰。我的第一反应是他在跟我们开玩笑，但我知道这没有道理——他确实有幽默感，但是冒着把我们扔进水里的危险绝不是他的风格。我和凯试图安定下来的那会儿，船继续在疯狂地摇摆，将我们从一边晃到另一边。约翰费力地回到发动机旁时，眉头深锁，紧紧盯着右舷查看，显然是哪里出了问题。

他迅速给引擎减速，将船头转向了图纳托克东端的一条我们刚开始穿越的小通道。当船安稳下来后，他又给舷外发动机加了一点马力，然后看着我们。

"潮汐流。"他严肃地说。

我们朝他凝视的方向看去。通道处的水面就像一条翻滚的河，巨大的水花从疾速涌动的水流里冒出来，让人无法想象那里原本是玻璃般平静的峡湾水面。我们所处的时机再糟糕不过了——涨潮的高峰期。此时，从岛屿后方涌到峡湾的水流最强，强到在其自身与其正努力挤入的沉睡的峡湾海域之间划出了一条锐利的分界线。侵略者与被入侵者之间的界线清晰而连贯；我们全速前进时，撞上的就是这条边界。

约翰小心翼翼地将船头向西偏转，并开足引擎，让我们可以逆着水流缓慢前进。船略微下沉，摇晃了一阵，最终稳定下来，行进得不那么颠簸了。在我们周围，水花四处翻滚飞溅。

我们有点不安地笑了，然后又坐直了一些。我急切地说："刚才可真是厉害。"可凯回答说："现在也还是。"

凯和我小心地坐着，双手紧紧握住侧绳，紧张地意识到事态并没有真正得到控制，但对小船的稳定性放心了。约翰熟练地操纵着舷外发动机，在潮水中谨慎地行驶。我们望向前方，看着湍急的水流，似乎想寻找什么，却不知道自己想寻找的究竟是什么。

紧接着，仿佛是从帘子后面突然冒出来似的，一种隐约的危险存在显现了出来。毫无疑问，危险一直都在，但是我们刚刚唯一想到的只是更迫切的需求——别让自己被抛到水里。现在，在更放松的状态下，知觉开始扩展，我们感觉到了威胁。

巨大的雷鸣震住了我们，于是我们仰望天空，想寻找雷声的来源，可什么也看不见。天空基本是蓝色的，周围散落着几缕棉絮般的云朵。但是那声音无处不在，一种低沉震耳的轰隆隆声，回荡在我们周围，并没有停止。

我们"十二宫号"的尖尖的船头和两侧船体是由充了气的橡胶浮筒构成的。另外两个十字型的充气管交叉在船内用来加固船体，但也用作长凳。船的甲板是一种橡胶材料，上面嵌了薄薄的木板，以保障其稳定性和硬度。雷鸣般的隆隆声正是从甲板底下传来的。

我们很快意识到，那声音一定来自被激流推动的巨石，巨石在坚硬的岩壁和峡湾底部之间翻滚，在基岩片麻岩和片岩中雕刻出了一个秘密的水下景观。时间一分一秒地过去，砰砰的轰响声在水里回荡着，穿过我们的小船，传到清凉的空气中。我们看看彼此，望向湍急的水流，然后又蹲低了一点儿，倾听那声音。约翰稍微调了一下引擎，我们就向岸边靠近了。我们与海岸保持着数步之遥，小心地航行。

　　由于我们自己之前的行为，现在小船行进中经过的水面是一个由各种力量建立起的世界，而这些力量远超出我们能力的可控范围，极易导致我们死亡。如果被抛下船冲走，我们在几分钟之内就会被淹死。潮流的咆哮又增加了交响乐的音效——在这里，生存只不过是一系列相关的巧合。

　　在我们航行的水域之中，那些微粒曾经是包围大海的岩石的一部分，它们从撞击的巨石表面刮落并释放出来，随着潮汐自由漂浮。在简单热力学构架的对话中，它们与其他微粒混合在一起，这些其他微粒源自被风吹起的尘埃、星际粒子、溶解的动物尸体和腐烂的植物。它们以我们既不能理解也无法感知的方式交流。即便如此，它们的交谈也将演变成一种联合体，成为那些构建生命形式、化学沉积物或是简单溶解分子的物质。它们渗入地下深处，再升至海面蒸发。它们变成了喜马拉雅山高处的降雪，又导致了恒河的季节性洪水。偶尔，它们会成为我们身体的一部分。

　　我们继续航行，潮水的声音在背景中隆隆作响。我们绕过陆地的几处小尖角，穿过几个小海湾，寻找暴露得足够多的露头岩石，以便浏览它们的历史。我们正在穿越一个科学几乎尚未触及的世界，对于这里可能存在什么，我们只有最模糊的想法。

然后，在五十码远的地方，穿过一个小海湾，我们发现一块了裸露的岩石，它从水的边缘延伸到离内陆约一百英尺的苔原侵蚀层。很快，我们登陆了，奔向露头岩石，好奇而又激动。

在那块岩石边缘暴露出的图案如此醒目，以至我们的目光在上面反复流连，再三赞叹它是多么令人难以置信。粉色、白色、灰色、棕褐色和黑色的条带，有些宽不超过一英寸的几分之一，有的则宽达几英尺，吸引着人们的眼球，那些延展的、慵懒的、折叠的流动形状，仿佛在说这块基岩曾经如黄油一般柔软。我感觉自己仿佛置身于无拘无束的、即兴的艺术氛围中，而某个富有创造力的天才在这个地方发现了它的节奏，并以流体岩石为媒介，借着灵感的激情狂热地作画。我们每走一步都会停下来，每一个新的平方英尺都带有不同形式或颜色的图案。我们趴下身子爬行，试图了解这个地方的意义和历史。从科学的角度来看，它是一种宝藏；从美学的角度来看，它是一幅杰作，我们这个被量化的世界已经不留痕迹地陷入了一种空灵的境界，融成为一种达利式的流体。我们所做的一切已不再有界限束缚。思想可以拥抱的一切事物都在这里。

那时候我们还并不知道这些就是该地区最古老的岩石，是地球上一些最古老大陆的残留物。我们在实验室中花了数月的时间才发现，它们形成于33亿年以前。它们保存了拥有数十亿年历史的海洋盆地存在的证据，当时生命还仅是自由漂浮的单细胞，少量存在的土地随着风沙移动，而且寸草不生。这是一片远比我们研究的造山运动古老得多的海洋。黑色的分层是曾经熔化的岩石注入到了这些古老海洋的沉积物中；可能在它们内部的水分被挤压出来很久之后，其结晶形式发生了变化。在未知的持续数亿年的造山过程中，岩石经历了深埋、加热和压缩，整个序列随后被折叠、再折叠、变形和入侵。最终，在过去的几千万年中的某个时候，它们重新回到了地表，成为新海洋的海岸线，被踩在了我们脚下，同时等待着另一场剧变。实际上，这就是我们正在寻找的区域的北部界限——一个参与碰撞的大陆边缘。

自从那次的发现以后，约翰、凯和我又探访了这个岬角好几次。我们是训练有素的观察员，带着批判性的眼光审视种种事实和线索，这些都将填补被大全景和小局部遗漏的诸多细节。我们想知道在复杂的图案、颜色和材质中所体现的线性历史。我们做了记录和采样，并反复进行测量、辩论和推理。但是，无论我们多认真地做笔记、测量走向以及描述图样、矿物和质地，每次探访都会变成一次崭新的发现。我们第三次、第四次查看一块露头岩石或一个纹样时，还是能找到之前没有注意到的东西。

所有的景观都构成了未来的地貌。在当下的这一时刻，乘着这些坚不可摧的力量，我们被卷入了这个过程之中，不亚于巨石冲击着那块潮汐海峡的岩壁。

时光卵石

走过了一天又一天，一里又一里。我们三个人收集各种信息碎片——矿物定向的测量、平面特征的走向、层状岩石的矿物特征，采集样本，做好注释，这一切都是为了增补那些鲜为人知的内容。肉眼、手持放大镜和指南针只是简陋的工具，我们还需要实验室分析的结果，才能最终将故事的各个元素拼凑成一体。即便如此，那些所见所闻还是给我们留下了种种第一印象、一些事实和洞见的开端。我们总是在晚上坐下来聊天，将各自复杂而快乐的私生活以及自己追求的科学经验编织成谈话的内容。

就在这一天，一种模糊的满足感油然而生。剪切带不是"直带"，而是剧烈运动的区域，是汇聚古老大陆的决定要素之一。

我从厨帐里爬出来，朝那片与苔原覆盖的平地相接的小海滩走去。沿着那个围绕我们住所的小悬崖爬下去很容易。前往海边的一路上，我都在思考刚刚中断的谈话。

这个海滩由一小片小石砾和鹅卵石延伸而成，没有多少沙子。其中有一个大约十英尺长的小山脊与海岸平行，高出水面六英尺，位于我的右侧。潮水涌上来，开始淹没岩石山脊。碎裂汹涌的小浪冲上了海滩，但在那块岩石屏障处，它们陷入了一片短暂的混战，然后裹挟着那些小鹅卵石冲刷着岩石四周。

我走到屏障后面被遮蔽的回水处，站在水边，眺望着峡湾。云彩匆匆掠过我的头顶，把一切笼罩在一层灰色的阴影中。远处的海岸在昏暗的暮色中模糊了轮廓，仅仅成了水域另一边的一团黑暗。我陷入沉思，在那里站了良久，于是上涨的潮水和小浪突然趁机袭击了我的靴子，把它们浸泡在一股白色的海水和泡沫中。我赶紧后退了一步，把碎石踩得嘎吱作响，鹅卵石也被推到了我刚才站立时不小心留下的凹凸脚印里。

新的地形印记是对那片波浪流连的平缓斜坡地面的侵犯。不到几秒钟，海水就冲向纷乱的鹅卵石凸起的边缘，把它们撞回到了我之前站立的地方。随着波浪抹去了我无意的设计，海滩慢慢恢复了原来的形态，回到一种准平衡的状态。短短几分钟之内，这里就几乎没有了任何人类入侵的迹象。

天气寒冷刺骨。在那儿站着并不舒服，但是对这个地方的某种感觉把我留了下来。我拉起大衣的领子，朝脚下看了一眼。

铺在海滩上的石头是片麻岩和片岩的碎片，它们从我们研究的露头岩石上经风化剥落下来，又被侵蚀打磨成光滑的椭圆形。它们中的大多数只是因为那黑灰色的、难以区分的平淡面貌而引人注意的。

鹅卵石延伸到峡湾，并超出了潮汐带。这里清澈见底的海水可以让人一直望到深处，那里的光线消失了，石头变得越来越模糊。卵石图案终结之处并没有边界线，只是逐渐变暗，直到消失不见。

我一直在看着一小块平滑的椭圆形灰色鹅卵石。它躺在其他卵石中间，稍稍倾斜，一道细细的边缘高出其余的石头，露了出来。一阵小浪拍向海岸，冲刷着海滩，就将其整个浸没了。随着消散的海浪伴着嘶嘶的轻响冲回峡湾，小卵石在湍流和泡沫的短暂混乱中翻了个身。一阵波浪，一块卵石，大自然节拍器记录下的又一声敲击。

就在我们发现了散发着烧焦头发味石头的那一天，我们还看到了当时我尚未能欣赏的东西，但是翻滚的鹅卵石唤醒了那段记忆。

在我们收集了那块石头，并在傍晚向着营地返航时，航行沿岸的一道明亮光线吸引了我们的目光。那道奇怪的反光来自几百码之外，水位线上方六英尺的地方。

约翰调转了船头，一边寻找着闪光的重现，一边沿着我们的航线折返。闪光出现后，我们确定了位置并向其驶去。那里没有海滩，只有些巨大的尖角巨石，它们是从峡湾边缘三十英尺高的陡峭岩壁上滚落下来的。我们沿着海岸向西缓慢行驶，约翰关掉了舷外发动机，最终找到一小块沙滩登陆了。

约翰在沙滩上停下了"十二宫号"，提醒我们潮汐正在上涨，我们并没有多少时间。

我们抓起锤子，跳下了船，并将船尽可能安全地绑在几块巨石上。那块露头石距离我们很远，隔着一堆岩锥；我们试着迅速爬过去。我们一边小心地选择前进道路，一边不断回头去看"十二宫号"，以确认它没有漂走。

那块露头岩石是暗淡的深橄榄绿色。那道反光来自完美而平坦的岩石表面，岩石被打磨的几乎闪耀着玻璃的光泽，大小超过一英尺长、八英寸宽。当我们来回转头、改变视角时，可以看到反射并非来自单个的太阳反光，而是由几道波纹状的平行带组成的。我们意识到它是一个巨大的单个晶体，反射面劈裂的表面含有一些略微不同的晶体结构条带，被称为"孪晶（twin）"，晶体周围是不足一英寸厚的白边。当我们更加仔细地观察时，很快就发现了数百块这样的巨大晶体，每块晶体都被白色的外壳包裹起来，像砖头一样垒在一个大堆中。我们既震惊又兴奋，意识到这是巨大的斜方辉石晶体堆积——人们早就假设了这种现象存在，但从未见过。

　　大陆最初形成之时，主要是由地幔中涌出的各种熔体演化而来。一些熔体能够穿透任何一种存在的地壳，成为熔岩流到日益扩张的大陆表面，而另一些熔体从地下涌起时，遇到地壳底部则无法穿透，因为它们要么太黏，要么太稠。其中一种特殊的熔体叫作斜长岩（anorthosite），斜长岩通常被认为虽停滞在大陆底部，但广泛参与了大陆的形成。这种熔体被困在发育中的大陆底部，经历了数千年乃至数百万年的缓慢冷却。在这个逐渐冷却的过程中，晶体形态的岩浆逐渐凝固，这一新形成的矿物质逐渐变大并下沉到岩浆库深处，相互堆积在一起。据推测，巨大的斜方辉石（orthopyroxene）一定就是在这一过程中形成的——在世界各地的斜长岩中都发现了巨型斜方辉石晶体，但保留原状的、理应形成于冷却的岩浆库底部的巨型辉石晶体堆积物仍然是未知的。然而，我们现在就发现了这样一个实例，当巨大的斜方辉石相互堆叠在一起，被保存下来的斜长岩熔化后，被困在斜方辉石中，形成了白色的薄边。

　　我们试图沿着晶体堆积物走走，以了解它的形状，但不到几英尺，它就终结于一条几英尺宽的受到剧烈剪切的岩石带。我们转往另一个方向走，却发现了同样的东西。仔细观察了被剪切的矿物质后，我们意识到它不过是由巨大晶体研磨成的细小残余物：那块堆积在一起的巨大斜方辉石在最初形成时可能延伸了数英里长，现在它已经被磨碎成几十英尺宽的小菱形。我们迅速进行测量，采集了一些样本，然后跑回了"十二宫号"。潮水正在把它抬起来，绳子就快要撑不住了。

我们之后又两次回到了那个地点进行观测，采集了足够的样本，以使这一小块露头岩石的意义变得清晰起来。最终，经过了数小时的实验室研究，我们得以证明这些巨大的晶体形成于超过28亿年前一个古老的、不断演化的在大陆底部二十多英里深的岩浆库中。通过我们正在研究的大陆碰撞的不断摩擦，它们与从中沉淀下来的结晶岩浆一起被循环和转化，成为新大陆的组成部分。

简单的动量传递、散失到颤动的原子中的少许热量、不同物质流经彼此的动力学：通过随着潮汐滚动的卵石和一小块被剪切的堆积物，数学方程就这样以物理现实展现出来。大自然的简单宣言中所特有的丰富性令我肃然起敬。

等到凯、约翰和我回到实验室时，我们将运用方程式描述自己看到的大部分内容，以此记录我们所收集到的观测数据。这样做，我们可以尝试客观地传达这些岩石中的历史细节和微妙之处。

但是，我们将要传达的量化的现实并不仅仅是分析结果。

我们还将应用方程式，根据质谱仪收集的数据来计算收集到的样品的年代。那些一个世纪以前源自原子物理学的方程式成为聚集想象力的时光机器，它们打开了一扇扇大门，让我们看到地球表面演化的速度。其他的数学公式让我们得以计算矿物的化学组成，从而令我们深入了解数十亿年前的海洋和笼罩着地球的大气层的化学成分，并瞥见从裸露的岩石通向人类思想的路径。

这些方程式也表明，宇宙浸透在光线中，这光线包含了一百多个数量级的能量。而动物的视觉受到自身机体分子的限制，它只能吸收和响应这一光谱中最微小的部分。我们所看到的甚至都算不上是其轮廓的幻影。

我已经不再是当初在康克鲁斯瓦格（Kangerlussuaq）下飞机时的那个人了。那些我曾认为不变的确定性——世界是什么，构成现实和知识的是什么——已经随着我们在这里的生活发生了变化。

远离了混杂的文化，人们不用再面临无休止的挑战，即不用对各种观点和信息的轰炸作出判断、行动和反应。人们无须费力去理解每件事情的对与错，因为在这个充满侵略性的荒野空间里，没有对错的判断，只有生存的行动。

我朝着厨帐走去，想跟约翰和凯多聊几句，我再一次被这个地方的粗犷的脆弱打动。就在离我们帐篷不远处，峡湾边缘的小悬崖正在被侵蚀，悬崖底部巨石堆积的小壁垒是现已消失的地貌的唯一遗迹。我们在营地里走过的地方正在变成受了磨损的小径。就在我们居住于此的几周里，峡湾对面的一个小冰原的形状明显改变、缩小了。未来也将是如此——在我们离开后的几个月之内，我们在荒野中存在的一切证据都将被抹去，就像小波浪消除了我的靴子留下的印痕一样。

冰

阿赫费肖赫菲克峡湾从戴维斯海峡延伸到冰崖，跨越了近一百英里的距离。阿赫费肖赫菲克的意思是"鲸所在的地方"或者类似的意义，具体取决于你交谈的对象是谁。那年将我们带入这里的一位格陵兰人说，这个地名源自这样一个事实，即峡湾口在冬天常常保持无冰状态，为鲸提供了呼吸的场所。

到达峡湾的东端可能并不容易，因为从冰原落下来的冰会阻塞水流。但是今年，天气温暖，夏季提前到来了。由于峡湾东端一直是我们想要探索的地方，所以我们决定出发去看看。几年前，曾有地质学家到过那里，但他们绘制的地图只是在他们快速勘察时完成的，并没有详细的信息。我们所用的地图表明，在那里我们会发现残留的岩浆库，这些岩浆库是古老的火山山脉系统存在的第一个迹象。这显然是我们要去考察的地点。

鉴于这将会是漫长的一天，需要停靠很多站来绘制地图并进行采样，所以我们提早享用了早餐，然后迅速上船出发了。早晨阳光普照，风平浪静，伴着有节奏的浅浅的浪涌，水面温柔地起伏。

我们沿着海岸巡游，一次次地登陆进行勘查和记录。有一些停靠之处是很久以前就计划好了的，以填补我们的一些数据空缺；也是出于好奇心，我们想知道两个已知地点之间发生了什么事情。但是，还有很多站是临时停下的，我们被某块露头岩石上的某些奇怪或出乎意料的颜色和图案搭配吸引。像往常一样，每一站都展露出一些新的事物，给我们提供了细微的见解，为地质故事增添了点点滴滴的修饰。我们找到了一处主要由逆冲断层延伸至水域边缘的地方，这标志着存在一个巨大的区域，它在几百万年的磨擦和滑动中必然已经见证了数千次的大地震。在另一个地方，耀眼的蓝色碧玺装饰着曾经熔化的岩石的厚厚白色晶片，证明了来自古代海水中的硼和其他元素的存在，它们被困在构造板块（tectonic plate）碰撞时形成的晶体之中。我们得意地沉醉于自己在科学之路上的好运气。到目前为止，每个新发现都佐证了该地区因长期磨擦而发生的强烈变形。

我们在悄然的宁静中一路航行，享受着一个个小发现的乐趣，绵延起伏的山峦和朴素的山崖呈现出一种梦幻的气息，仿佛我们正沿着一条田园海岸线滑行，转过下一个弯，可能就会出现一家有着白色山墙的乡村旅店。我们感觉自己好像正在穿越一片神奇的地方，即使是最微不足道的鹅卵石或是草叶，也被包围在某种有魔力的现实之中。

当我们驾船绕过一个点，向下望向峡湾时，我们被猛烈地拽回到了地质学追求的硬核现实中。在我们前方几英里处，一块数百英尺高的陡峭岩石表面闪耀着白色和粉红色的阴影，与我们之前的所见形成了鲜明而惊人的对比。山崖的最顶端是深灰色围岩（country rock），产自我们日渐熟悉的那片地区，但山崖表面的其余部分则被浅得多的岩石贯穿，各种细线、长条与粗壮的脉络构成了错落的尖角几何图案，包裹着灰色的岩石主体。几百英尺长、几十英尺宽的深灰色岩块被嵌在泛白的粉红色岩墙之中，这是教科书里经典的捕虏岩的例子。我们偶然发现了一大块被侵蚀的侵入型花岗岩的顶部，这样完全暴露的情况非常罕见。我们的眼前正是一个大型岩浆库的上半部分。

我们每个人都看过理想化的图示，随着封闭的主岩顶部的石块掉落到岩浆库底部，岩浆体会呈阶梯状向上回采（stope），填满余下的空间。但是眼前这个样本的规模实在惊人。在我们的职业生涯中，还没有人见到过这样的东西。

约翰加快了速度，几分钟之内，我们就将"十二宫号"停在了岩块主体的西侧边缘。花岗岩和悬吊着的几何块形成了精美的图案——入侵的粉红色岩块里点缀着微小而完美的粉红石榴石。悬吊着的大块花岗岩被包裹在深黑色的边缘里。花岗岩中的浅褐色和黑色云母闪闪发光；白色和黑色矿物质的脉络贯穿了一切。

我们所走过的地方只是一个岩浆库的上部，在大陆碰撞之后，岩浆库一直缓慢地通过地壳上升。岩浆，是由被推入地球深处并加热到超过其熔点的岩石形成的熔体，它聚集成为一个整体，并沿着其主岩体缓慢上升。上升时，岩浆的热量散失到它所流经的较冷的岩石中，最终在某处冷却。现在，经过了近20亿年的抬升和侵蚀，它暴露在阳光下，提供了一个支撑我们脚底的坚实的平台。

午餐时间到了，大家收拾好样本，继续往东走，希望能找到一个地方，可以让我们探索真正的冰崖。但就在距离那堵巨大冰墙大约半英里的地方，不透光的峡湾水域开始变得浑浊，夹杂着淤泥。在这样的状况下，几英寸深的水下往往暗藏着吸饱水的泥滩。遇到这种事情会让我们搁浅在峡湾中间，很有可能无法再把"十二宫号"开出来。为了防患于未然，约翰猛地将船转向了北岸，让我们在那里登陆。

　　我们找到了一个长着草的小台地安顿下来吃午餐，同时看看冰原。尽管隔了一段距离，但景色依然令人惊叹。由破裂冰块形成的支架位于冰面底部，证明了降雪与雪崩的漫长历史。在那堆叠着的一片混乱中，小冰块在涨潮时飘浮而出，以各种各样的形状随着水流懒洋洋地扑向我们面前的海水。四周随处可见海鸥，它们在冰冷的海水中嬉戏。时不时地，其中一只会飞起来，降落在冰块上，偶尔从我们身边滑过飞向峡湾，然后又抛弃了它的座驾，再飞回去兜风。许多海鸥会反复这样做——至于它们是想诱使我们喂食（当然我们并没去喂），还是只不过在玩耍而已，这一点就永远无从得知。

　　我一直很想知道乘着冰山而行是种怎样的感觉——它的表面是什么样的，浮力会有多大，摸上去又会是什么触感。我向凯和约翰提出了这个问题，并讨论了一番该怎么做。最终，他们决定花几分钟时间尝试把我放到一个漂在我们附近的冰块上。

　　我们吃完了午饭，收拾好行装。

　　但在我们动身之前，约翰伸手去拿背包，掏出相机递给我，略有点儿不好意思地问我能不能在冰山前给他照张相。他走到我们所坐的小台地边缘。在背景中，格陵兰冰原巨大的前锋在正午的烈日下闪耀着明亮的白色光芒。约翰站得笔直，头稍向后仰，把手插进了裤子口袋里，然后略微转向冰面说："拍吧。"

我们每个人都轮流摆姿势拍了照。

之后，我们把物品装船，驶进峡湾，靠近了一个冰块。它长约十英尺，宽约五英尺。在与水相接之处，融化的小冰山雕出了一个扇贝状的环绕切口。在切口上面，一条狭窄的岩架围绕着那块遍布了精雕细琢的冰脊、条带和小丘的浮冰，其表面就像是有意刻成的抽象雕塑的花园，它们正慢慢地悄然融化。

我请约翰将船靠过去，让我看看能否爬上去。他小心翼翼地将"十二宫号"开到浮冰边缘并试图停在原地。

冰面在阳光下闪闪发光，上面铺满了网状的细小冰晶，它们相互交错，既纤巧脆弱又晶莹剔透。我小心地滑到"十二宫号"的浮桥上，将一只脚踏上了小冰山。水晶网格在我的靴子下破裂开来，冰也立即开始滚动，撞到了船上。但它保持着一种出人意料的微妙平衡。鉴于我们不知道它的水下形态是什么，也不知道它是否会在翻滚时把我们撞倒，所以我们赶快往后退，让它漂走了。

这一天剩余的时间我们都花在了峡湾南侧，之后出发返回营地。一阵小风吹起，向我们迎面而来，让回程变得缓慢而颠簸。

在这个星球上，冰无法恒久存在，但是从雪花到冰原再到巨大冰墙崩裂的变形，不仅仅是一种形态的转换。冰可以改变光线，运用自己的声音来塑造声响，并回应触摸。这是一个有着与众不同经验的世界，丰富而深刻。几年前，我在远离水边的另一个环境中了解到了这一点，那是格陵兰冰盖止于陆地的地方，与任何一处峡湾都相距数英里——一个可以体验与冰更亲密接触的地方。在那里，某种程度上，冰与岩石之间的区别是随意定下的，那种体验是一种上天的启示。

那是位于康克鲁斯瓦格以东数英里的地方，我和其他几位研究人员乘坐一辆旧军用卡车沿着模糊蜿蜒的土路前进。我们去的是一个小山丘，那里离冰原边缘步行只要几分钟。苔原生物群覆盖在我们面前大约三十英尺的地面上，然后突然终止。几年前，前进的冰层刮擦了上面的土壤和植物，然后又后退了，露出被冰层反复打磨和抛光了数千年的闪闪发光的岩石表面。

我们位于冰盖的一处裂片的南端。在我们的右边，冰面被一片由五十英尺高的岩石和泥土组成的冰碛包围，这些岩石和泥土沿着冰面绵延了数英里。随着冰在陆地上迁移，冰碛被推高了，但由于气候变化令大气变暖，冰层正在融化退却，它几乎接触不到它边缘的冰碛。

我们正前方是一个巨大的圆形冰斗谷，其中散落着从冰面上掉下来的乱七八糟的石块。在我们的左边，几百码之外，圆形冰斗谷的尽头是另一堵巨大的冰墙，里面有一个巨型冰洞；洞穴延伸到了几百英尺深的冰层中。很难说这个冰洞到底延伸得有多远，因为它的深处隐没在了浓黑的阴影之下——可能有四分之一英里或更多。洞内有一个至少四十英尺高的瀑布，为一条沿着地面上覆盖的冰块倾泻而下的河流提供了水源。河水从山洞里冲出来，顺着我们面前的高墙底部奔流，在岩石和冰盖之间形成了一条持久的液态分界线。

低沉的轰鸣声、噼啪声和砰砰声，以及反复的隆隆声从冰面传来。我走近了一些，试图弄清究竟是什么发出的声音。我原以为这个地方会是一片寂静的白色，但冰墙本身就有一片嘈杂的声音，轰响透过冰面上惊人的复杂图案传来：浅蓝色的冰与棕色的细条交织在一起，镶嵌在那片深深浅浅的白色阴影中。

那堵在东边数百英里之外的冰墙源自几千年前从天空降落的雨水，经过掩埋和压缩后，水重新结晶并沉到冰盖的底部附近，在那里从基岩上刮下碎石并将其磨碎成粉尘。现在，经过每年缓慢地迁移几英寸，冷冻的冰层暴露在我眼前的崖壁中，阳光再度照耀着这些水分子，而它们很快就会被释放到河流中，汇入大海，并重复这一循环。那些隆隆声、噼啪声和砰砰声就是冰冻的水擦过土地，内部碎裂分崩、准备释放的声音。

过了一会儿，我们开始沿着圆形冰斗谷走。冰块组成的迷宫一团混乱，根本不可能穿过。有些冰块有拳头那么大，有些有房子那么大，所有的冰块都呈尖锐的棱角，摇摇欲坠，不规则地排列在一起。我转向一位同行的研究人员，刚开口说我很想去看冰瀑，这时，就在圆形冰斗谷的后面，一阵巨大的爆裂声在冰景中回响起来。

慢慢地，甚至几乎是不知不觉地，冰墙的一大块开始移动。刚开始的时候，冰的表面看起来只是轻微地抖动了一下，有几个小碎片从墙上自由落下。时间似乎变慢了，就像当一个人受到惊吓或威胁时那样。

似乎过了好几秒钟，但不可能有那么久，我眼看着冰墙破碎断裂，沿着整个圆形冰斗谷的表面分崩离析，如加速下降的瀑布般自由坠落。伴随着巨大的爆炸声和轰鸣声，冰块撞向了冰墙底部杂乱的石块。到处都是飞溅的冰块。其中一部分从早先崩塌的残堆中反弹起来，另一部分裂成碎片，在冰面上弹开。一些棒球大小的碎片向我们飞来，落在河里，在我们周围磨得光亮的基岩上撞得粉碎。然后，就在几秒钟之内，大戏结束了，瀑布的轰鸣声渐渐消失。冰尘，像雾一样弥漫在傍晚的微风中，在空气中飘散，我们眼前的画面稍有调整，又恢复了原来的宁静。

到处散落着闪闪发光的碎冰宝石。我走到积起了一堆碎冰的地方，然后捡起了一片。这是一块乒乓球大小的固态水的单晶体，不规则的晶体切面被刻成了神奇的宝石。它极为清晰剔透，里面点缀着小串的细微气泡。最薄的液态水膜覆盖着晶体光滑而不规则的表面。我把这透明的小块举起来朝向冰壁，像用镜头一样透过它望出去，明亮的清晰度让我印象深刻。

我把它放在手掌中，从各个角度观察它。光滑的液体表面让人很想尝一口，我就把它塞进了嘴里。

除了最初的冰凉感之外，味道几乎完全如同冰的清亮的颜色所暗示的那样——干净、清爽、柔和。随之而来的是一种平静感。然后，我惊讶地发现里面有一种气味。我深吸了一口气，瞬间被开阔的天空、干净的空气和泥土的感觉吸引了。我把这块冰从嘴里拿出来，又捡起了另一块。我把它凑到鼻子跟前闻了闻，这种体验是一种微妙而持久的感觉，是一种最根本的东西——只有本质，别无其他。我想到了火石和石头，以及有着沙砾滩的河边和微弱的霉味。这种气味，唤起了我对一些深深埋藏于水边和岩石之地的旧时经历的感觉。我不断吸气，试图捕捉这些印象，但它们很快就消失了，和它们的出现一样转瞬即逝。

嗅觉深深地嵌入到大脑的神经网络中。嗅觉器官将信息传递到嗅球，再从那里传递出信息，这些信息成为我们认知和潜意识经验的一部分。尽管各个物种都有其各自的特性，但对于大多数动物来说，这一网络的连接原理都很相似。气味的连线似乎在进化早期就完善了——数亿年来它一直引导着各种生物。它是否属于进化学习包含的习得经验中的那部分内容——某些气味暗示着某些可能性，或好或坏，这会对行为产生影响吗？这样的敏感性是否有可能作为一种生存的优势被选择并代代相传？对人类来说，冰的气味及其含义会不会也是此类经验之一？也许在这种气味中蕴含着某些知识，关于冰瀑的危险，关于可能出现的多毛猛玛象和食物，关于新鲜的鱼类和浆果，关于沼泽地以及烦人的蚊子。

我想象着由一堵冰墙包围着的石器时代世界。一位冰河时代的猎人会追踪动物，会在原始之地寻找食物。他和他的同伴们一起，可能就走过了类似我现在站着的地方，他们研究冰原和大地，察觉潜藏的危险，并判断瘠地驯鹿、猛玛象、麝牛和狐狸会在哪里。他们会找到合适的地方过夜，以免受风吹雨打和寒冷的侵袭，他们对艰苦条件的承受能力会超出我的认知。他们会在旅途中采集植物，并收集合适的石头进行打磨塑形。他们还会用一些早已消失的语言交谈。

那是一个地球尚未被修饰的时代，野性的土地和生命存在于一个无拘无束的阶段，人类徘徊其中，而时间则是无形的。

海 豹

对科学的追求是一种发掘的过程。通过研究获得的见解揭示了未曾预料到的过去的历史内容，它们比我们想象的要更加丰富。

经过我们的第三次考察，剪切带已经毫无疑问就是一道疤痕，它横切了碰撞地形的北部边缘，成为造山大戏中的最后一幕，一场板块构造大结局的演出。那道疤痕就是早期研究人员所声称的那样——一个主要的运动区域。凯和约翰的研究是正确无误的，这个地区已恢复为他们几年前使用的术语——后来地质图和出版物所用的"直带"名称被"剪切带"取代了。

然而，还有证据被埋藏在晶体记录中，被冻结在一些分散的小地方的几块岩石矿物里，它们表明这些岩石在各个大陆开始碰撞之前，已经沉降到地面至少一百英里之下。故事的那一部分已经完全被遗漏了。虽然不确定性的形式变了，但重要程度没有改变——现在有了新的问题亟待解决。

其中一个问题就是，那些被深深埋藏的岩石的意义。世界上只有少数地方有所谓的超高压变质的历史——这种变质是在压力超过四十万磅每平方英寸的条件下完成的，而这种状态只有在土下超过六十英里深的地方才能实现。其他所有地方的证据都来自古代俯冲（subduction）带。在各种情况下，这些俯冲带都标志了大陆相撞的位置，因此与我们在格陵兰岛的研究区域显示的可能的历史相一致。但是，其他地点的岩石年代都不到 9 亿年，至于为什么它们与地球 45 亿年的岁数相比显得如此年轻，在解释上出现了分歧。一些人认为，对于在如此高的压力下形成的矿物，地球表面固有的不稳定性会导致它们缓慢而不可避免地退化为其他矿物，而那些退化后的矿物在低压条件下更为稳定。通过这种推理，可以得出结论，这种不稳定的矿物可以持续存在的最长时间大约是 9 亿年。另一种解释是，随着海平面的扩张以及有了我们今天所看到的俯冲带，板块构造才完全建立起来——较早的板块构造可能是通过其他尚未确定的机制表达的，可能涉及很多较浅的汇聚带，并无深层俯冲。无论采用哪种解释，我们都面临着挑战，需要解释发现的这些超高压岩石的独一无二的古老年代。既然现在已经很清楚，我们手上样本的存在时间是年轻样本的两倍，所以它们要么是某种非常不寻常的保存机制的产物，要么是在其他环境中尚未被发现的更古老板块构造的罕见证据。考虑到我们所研究的岩石具有非同寻常的性质，答案几乎可以肯定是两种观点的结合。

另一个谜题也清楚了。过去四十年来，在不同研究人员收集并研究的数百个样本库中，我们发现其中有两个样本保留了超高压条件的证据。以前没有确认该证据的一个原因是，显示这种条件的矿物特征和成分直到最近才被了解。但是，在重新检查的数百个样本中，我们只在两个样本中发现了这种超高压条件的记录，这个事实带来了另一个问题：这是否意味着这些极端情况的证据已被后来发生的事件（如后期剪切）几乎完全抹去，只留下了一小部分保持其历史完整的岩石？还是有证据表明整个地区实际上是一个构造混杂体，来自截然不同位置和历史时期的岩石在其中被强行交错在一起？

我们的第四次考察就是为了更好地理解这些新问题。我们已经决定用数周的时间从一个露营地转移到另一个露营地，这样就可以考察散布在一千多平方英里的那些关键地点。亚西亚特的一艘小游艇主卡斯滕，已与我们签了合同，以提供后勤支持，在需要搬迁时帮我们转移，同时在我们的营地照管他的船。

我们决定访问的一处地点是约翰几年前工作过的地方，需要我们横跨八英里；我们将沿着裸露的大理石徒步，其在构造上与非常古老的片麻岩交织在一起。约翰在攻读博士学位时已经绘制了该区域的地图，当时包含大陆碰撞的板块构造模型还并未被完全接受。那时的概念范式被称为"地槽说"，这一理论设想数百英里宽、数千英里长的巨大盆地遍布全球。尽管它们没有像构造板块那样在地球表面迁移，但人们认为这些盆地随着时间的推移会慢慢下沉，越来越深。当这种情况发生时，它们会被沉积物填充。最终，通过某些未知的机制，它们达到了一种不稳定的状态，受到挤压后，形成了庞大的山系。由于当时描述收集的数据时用的是对地槽说有用、但就板块构造概念而言并不完整的术语，因此我们想更加仔细地研究该区域，以了解它会怎样吻合现在的新图景。

早晨显得灰暗而寂静，沿着海岸的巡航则是平静而轻松的。我们朝着一个小峡湾的入口驶去，在那里我们可以登陆并开始动身。地势并不平缓，但尚不算崎岖——我们一天之内就可以轻松完成徒步。

等我们到达峡湾口时，潮水已在退去。从船上到岸边的短短的距离，用绑在船尾的小划艇过去想必并不难。我们把背包、锤子、食物和水都扔了进去。然后，就在我们正准备让小艇下水时，一只海豹将头从右舷栏杆外略微靠近船尾几百码的地方探了出来。它好奇地看着我们，头高高地露出水面，与我们保持着距离。卡斯滕立刻发现了它，然后变得非常兴奋。他知道这可能会给他家里带去一顿晚餐、一张毛皮以及一些肉干。

卡斯滕跳下小艇，奔向船舱，并抓起了挂在左舷门上方的小口径步枪。他检查了枪的弹膛并装上弹匣，然后跑回小艇，迅速带着我们上了岸。尽管他正认真地将小艇引向我们选择的着陆点，但每隔几秒钟他就会向后望一眼，留意着海豹。一等到我们登陆完毕，他便跑回船上，朝着海豹追去，步枪就横架在船舵前的仪表盘顶上。如果一切按计划进行，我们将在晚饭时间与他会合，回到营地。

我们立即在登陆的石滩对面发现了想要寻找的大理石露头岩。它呈现中灰色，大约六英尺厚，如三明治一般夹在棕黑色的片麻岩之间。我们沿着它徒步，那错综复杂的折叠结构和点缀其中的延伸的夹杂物——无可辩驳的极端剪切证据，让人印象深刻。这与岩石所经历的应变是一致的，如果它们曾被夹在巨大的大陆之间，在碰撞区域相互摩擦——这是又一个重要证据。

当我们边走边聊时，一片无边无际的小草场、小池塘和新生植物展现在我们眼前，为我们带来了意想不到的草木之趣。有一个地方，一条深绿和棕褐色的苔藓厚毯被折叠在一块六英尺高的露头底部。我深感惊讶，因为从未见过以如此茂盛的层叠形式生长的苔藓。然后我意识到苔藓不可能长成那样。与此相反，它一定是生长在露头表面，轻柔地覆盖着岩石，变成光合作用下的毯子。数十年里（假如不是数百年的话），它都未受干扰兀自生长，但最终变得过于厚重，以致毯子的重量超过了岩石表面和植物之间的脆弱连接所能支撑的范围。大团的苔藓最终塌陷成一块皱巴巴的植物毯，搁置在现在光秃秃的岩壁脚下。折叠的植物毯周围是某种未知的直立真菌的羽毛茎，呈鲜黄色，有手指头那么粗。如果我是一名真菌学家，那我算是来到了天堂，但作为一名地质学家，我只能茫然而懵懂地穿过。

突然，从远处传来了明显的爆裂声和步枪响——短促而尖利的枪声与我们在露头岩石上的锤击声几乎遥相呼应。接下来的几个小时里，这些声音一直陪伴着我们。

快到傍晚时分，我们来到了一座高耸的山坡上，离我们扎营的海湾一英里远，高几百英尺。我们可以看到船停泊在离海岸不远的地方。我们想知道卡斯滕是否捕到了海豹，但我们之间的距离隔得太远，无法分辨出来。

又过了二十分钟，我们到达了小海湾和营地。卡斯滕站在一块斜着伸入水中的石肩上。那只海豹被放在石头上，他正在仔细地剥皮，动作精确而熟练。确保海豹皮已清洁妥当，未被割破，他又将肉洗净，然后将皮和洗好、切好的肉装到小艇上，带去他的游船。过了一会儿，他又回来接我们，这样我们可以在船上吃顿晚餐。

卡斯滕用丹麦语向凯解释说，他准备做的那份本地美食我们可能不想吃。经过一番犹豫的翻译，我们终于明白了，他正在用清洗后煮熟的内脏加上其他一些原料做菜。他肯定这味道会影响我们。我们做晚餐时，他退了出去。凯负责在厨房里做饭，船长在外面甲板的扇形船艄上做饭。居于格陵兰岛上的生活与海洋的生活是融为一体的；这种关系平衡而微妙，没有什么是理所当然的。

我想起了自己第一次探险时的惊奇经历。当时我们正准备从西西缪特（Sisimiut）乘一艘小渔船离开。天气很冷，每个人都穿着厚夹克和派克大衣，戴着针织帽和手套。我们在船上装载补给品，把它们从码头的栏杆上递给同伴，他们会把东西固定在舱壁上，食物箱则被放在舱下面。就在我把一个塞满的背包递给一位水手时，我瞥了一眼相邻的码头：两名男子正在修理鱼网，他们没戴手套，手指灵活地打结补洞。我看见其中一个人转过身，爬上旁边的小木屋顶，拿起放在一只小海豹尸体边的一把刀；他轻轻地划了一道，切下一块海豹脂吃了下去，然后又回去干活了。这是他出海前的点心。这只海豹够那两个人在钓鱼的日子里吃上一阵。

卡斯滕独自待在外面下风向的地方吃他的饭。我们一边吃一边偶尔回头看看他，惊叹于他的好胃口。然后，出乎意料的是，他端着一盘肉出现在小厨房的门口，问我们是否要尝尝海豹的味道。他把盘子递了过来，我们每个人都取了一小块肉。

盘子里的东西看起来像是坚硬的牛肉，非常致密，颗粒独特，里面几乎没什么肥油，从中散发出一种奇怪的气味，略带甜味和柔滑感，同时又有种很重的野腥味。我咬了一口，猜测味道会与模糊记忆里几年前尝过的驯鹿肉相近，尽管质地很像有韧劲儿的牛肉，并且有一种类似牛肉的口感，但海豹肉压倒一切又完全出乎意料的味道还是让我感到震惊。

想要体验一个地方就要在那里找到食物。海豹了解鱼类运动的微妙之处、鱼的习性和模式。它的大脑天生就会捕猎，知道鱼很可能出现在哪里，在逃窜时会怎样去躲避，以及为了逃脱能有多大耐力。这些遗传继承的知识是海豹经历了数百万年成功或失败的捕猎，从中精选的有益经验。不可避免地，在海豹对一个地点以及它在其中如何移动的经验中，带着被它搜捕和吃掉的猎物的印记。它有一部分是在以鱼的视角生活。

如果我尝尝自己的肌肉组织，会觉得怎样？关于世界的经验、我寻求的东西和我的生活方式，我将从中学到什么？那种味道是从何处形成的？与海豹一样，可以肯定的是，我们继承了一种观察世界的方式，如何去看景观、清澈的水或是天空，这些都源自关于生存的进化知识。我们是这些经验遗传和表现的总和。

生活在原始天地的荒野中心，让味道重获了新的意义，就像是一种被遗忘的语言和词汇，味道包含了这个地方的种种元素。通过这门语言，可以写下一个生命体在何处如何生活的历史。这门语言的词汇表可以体现那个地方的动物和植物、地貌与水景以及日光随季节的变化。

归　属

经过了四个多星期，我们在野外考察的日程即将结束。关于这个地区的历史解释的冲突已经解决，但是新的复杂问题还需要探索，也需要考量更深层的历史线索。我们渴望赶紧展开下一阶段的工作，将我们的测量和观察结果汇编成一个连贯的编年史，并研究和分析我们收集的一系列样本。当然我们也满怀激动地期待可以回到家人和朋友身边，回归现代世界及其所提供的各种便利之中。很快，一架直升飞机就会来到这里，把我们送往康克鲁斯瓦格。

　　凯用专门带来的白色布条在地面上划出了一个大大的 X 型着陆点。着陆点离我们的帐篷只有很短的距离——就是这次来野外考察的第一夜，我爬上的那个岩石山脊伸出的一块小台地。那里的空间刚刚好，直升机可以着陆而不会让旋翼桨叶撞向岩石壁。对于现代科技而言，这里的地貌并不友好。早晨，天色灰沉沉的，有些阴冷，微风从水面吹来，带来了寒冷刺骨的告别。

　　前一天，我们将尚未使用的物资和要随身携带的设备装了箱。几百个岩石样本被包裹在报纸里，并标上识别号及其来源坐标，然后被装进了木板箱中。将我们带来这里的蓝色拖网渔船已经被安排好了，稍后我们会装上它们，将之带回亚西亚特之后再运往丹麦。我们再三检查了记录簿中的条目，以确保记录了准确的纬度和经度，并且样本的描述与我们的注释一致。工作完成后，我们捡拾了所有垃圾，并趁退潮时在海滩上烧掉了它们。

　　现在，那些样本箱是唯一遗留的物件，它们证明了我们来过这里。我们的帐篷今天清晨也已经拆了。

在预计到达时间的前几分钟，我们听到了遥远的直升机叶片快速击打气流的砰砰轰响声。声音从水域对面传来，位于南边数英里之外，环绕峡湾的巨大岩壁发出阵阵回音。我们睁大眼睛寻找直升机，但是什么也看不到。

几天前，由三家格陵兰人组成的一个队伍——几乎是我们在这里见过的唯一一群人——在岬角沿着我们取水和洗澡的溪流搭起帐篷。他们是来打猎驯鹿的。我们与这群人的唯一接触就是他们到达的那天。

我们那天临近傍晚从野外回来，发现有四个孩子站在海边的悬崖上，崖下就是我们储存的燃料和补给品。当我们把"十二宫号"带上岸、绑好并卸下岩石和装备时，孩子们都在盯着看。我们挥手致意，但他们的手却一直插在厚夹克里。我们的装备里包括额外的救生背心，当我们整理好自己的东西，并将它们堆放在补给品中时，发现留下来的一件救生衣已经被充了气。那些好奇的年轻人看来无法抗拒这个诱惑——用来拉动的给马甲充气的鲜红色塑料小旋钮实在太吸引人了，他们忍不住不去拉扯。我很遗憾错过了那一刻。

他们逗留了将近一个小时，试图决定要不要来我们的营地，看看我们是谁；与此同时我们正忙着收拾打扫，开始准备晚餐。然而他们并没有来。我很遗憾没能过去向他们做个自我介绍。

最终，我们发现了直升机。它正直冲着我们而来，就像一艘闪闪发光的红白色火箭，要瞄准并消灭我们的小小哨所。过了一会儿，它俯冲过来，一个急转弯，落在了凯标记的地点上。我瞥了一眼那群格陵兰人，想知道他们在想什么。他们全出来了，站在帐篷旁围观。

几分钟之内，所有设备就装载完毕，我们爬进直升机系好安全带，戴上耳机，然后起飞。

随着飞机从营地不断爬升，短短几秒钟，我就可以看到我们在那儿存在过的痕迹——帐篷曾经所在的被压平的苔原，一排排被踩扁的植物（这是我们沿着小路反复经过所留下的足迹）。它是人类在这片脆弱之地生活留下的入侵的几何印记。

飞机一路朝着正南方飞去，向康克鲁斯瓦格以及那个我们离开哥本哈根后进入的机场返回。我们在一千多英尺的高空飞行，掠过高低起伏的山丘，掠过未知的地面。在东方，白色的冰盖在阳光下闪闪发光；它矗立在我们上方近一英里处，形成一道连绵的地平线，但这很快将只成为历史的注脚。有时，我们在冰面上方仅一百英尺的地方飞行，近到可以看到水从冰层底下涌出来后，流到西边棕灰色的泥泞的河流中，将大量碎裂的石块裹挟至遥远海洋里的它们的栖身之处。在穿越陆地时，它们阻塞了崎岖不平的谷底，将粗砂和砾石留在河漫滩和谷底，在峡湾边缘形成新的陆地，取代了随洋流涌动的蓝色海水。

当我们继续向南飞，云层最终消失，一片蔚蓝的天空出现了。一股几乎让人头晕目眩的亮光不断在陆地上闪耀——清晨初升的太阳照在这片浸满水的土地上，河流与湿漉漉的地表反射出强烈的阳光。我开始寻找太阳镜，随即又改变了主意——我不想在离开这个地方的时候，有任何东西阻隔在我与我对它的体验之间，即使我是坐在一架飞行高度为一千二百英尺的直升机上，旋翼以每分钟 400 转的速度在我们头顶上旋转，不停地在背景中发出砰砰的响声。

大约在去康克鲁斯瓦格的半路上，我们经过了一个陡峭的山脊，在下方山谷的苔原上看到了一片迷宫般的小径。它们是驯鹿迁徙的路径，空荡荡的，并不起眼。然而，它们体现了一段历史。它们象征着曾生活在那里的生命，是转瞬即逝的书写，是在一片不断演化的土地上变化和生存的难以捉摸的结果。

在我们的左边，冰层在无休无止地侵蚀着这个世界上最大的岛屿；在我们的右边，鬼斧神工的美丽山谷和泥沙沉积的长条峡湾向西延伸。这种景观的多样性突显了对于自然进程的单纯的分析描述是多么的不够。

突然，我们穿过了一座山脊的鞍状峰，看到在西南方向五英里外、我们下方一千英尺的地方，是康克鲁斯瓦格机场的混凝土建筑和停机坪，这是一个被设计用来抵御极端季节的工程建筑。

直升机开始下降并转弯。降落的时候，我们看见了马上要带我们飞过北大西洋的 767 飞机。我们会恰好赶上到哥本哈根吃晚饭。

直升机缓缓地降落在了停机坪上。我解开安全带，爬了出去，没戴手套的手扶在直升机涂了漆的铝制外壳上。一瞬间，我被这种丝绸般的感觉惊住了；平滑光洁的直升机表面与我在露营的几周里所摸到的东西都不一样。我们虽然几乎就站在四个多星期前启程去往荒野的同一个地方，但没感觉到这里任何一件事物是熟悉的。

我们把装备从直升机上拿出来，扔进了一辆货车——随之一声空洞的金属撞击声落在了车厢里。在这里，那个烧着柴油燃料的混凝土复合物就代表了我们正在返回的地方。我在营地的苔原上留下的脚印似乎已无迹可寻。

我们正离开一片专注于友谊、潮汐、风和云层存在的地方。新的世界与不断进化的景观及生命的自然流动已截然分离，这是一个有了边境和界线的地方。就连机场的平坦路面的硬度也显得很奇怪——不规则的表面让人有上千种方式去感受大地，但现在这种感觉却被有意抹去了。

面包车带我们穿过机场，先后到达了航站楼、自助餐厅和酒店。我们走进大楼，在那里把行李托运到了去哥本哈根的航班上；酒店的一端是公共设施，花很少钱就能使用。金钱，一种在我们这个小圈子里无用的概念重现了，有一种奇怪的抽象感。我们上下搜寻了一番几周前藏在某处拉链口袋里的钞票。

当我走向淋浴间时，每踏出一步都觉得有种轻微的幽闭恐惧症。在长方形的走廊里转了两圈后，我开始头晕，迷失了方向。

之后，站在洗脸池旁，我准备刮掉留了一个多月的胡子，没有任何微风的温暖潮湿的封闭空间显得更加压抑。我打开了一扇窗，望向康克鲁斯瓦格峡湾东端绵延起伏的群山，在涌来的清新凉爽的空气里如释重负。

印象之四

我决定，对那些从荒野返回的使者而言……更好的选择是记录他们的奇迹，而不是界定那些奇迹的含义。这样，它就会不断在人们的脑中回荡，每个人都会想到奇迹源头；奇迹一旦被定义，就不再满足人类对象征符号的需求。

——洛伦·艾斯利[①]

我脑海中的景象是我和游隼相遇时的那座悬崖上方的岩架。在我眼前，在空气流动的无垠深渊中，那条鱼之河奔流着，朝向它们的命运而去。那里的生存与人口密集的世界里渗透着的恐惧相绝缘。那里所诉说的仅是来自野外之地的野性生命渐渐消失的声音，思想的现象则来自观察的视角。

我们徘徊在悬念之中，我们的思维和梦想为我们所知道和

[①] 洛伦·艾斯利（Loren Eiseley，1907—1977），美国著名人类学家、作家、哲学家，著有《巨大之旅》《时间的苍穹》等。——译者

看到的事物表面所束缚。我们是先锋物种，认为表面之下有被其遮蔽的内容存在。在裸露的岩石上擦伤的胫骨，触碰原始晶体时流出的血，穿着浸满水的靴子在稀薄的空气中行走，这些都为我们的经验提供了灵感，并创造了我们所看到的自然世界。鱼群中的冰块，尖叫着的大风呼啸着扑向崖壁，海豹肉渗出的汁液，花蕊产生的甜香气味——在我们面前，荒野成了唯一的门槛，理性推理、诗意想象以及创造我们珍视为美的事物的能力则在门槛后面，跨越这道门槛才可以自由感知这些能力的意义。

尾 声

地球是由散落的流星尘构成的，它因附着了超新星的原子碎片和未知恒星的元素风暴而增大。星际粒子的缓缓下落、彗星的碰撞、流星和冰冻水，在距今 45 亿年的宇宙艺术的创造热潮中，我们的星球由此诞生了。

创造到现在仍未停止；地质和生命就是它的结果。但是要想感知并参与到如此丰富的活动中，就需要接触到被停车场、建筑物和城市街道遮掩的整个光谱。日落和地平线，白蚁、分子和生物都通过自身的创造力对自然做出了回应——要看到这些内容，需要未经雕琢的空间。没有荒野，就失去了看到这种风景的基本视角。

我们以及其他地质学家的实地考察，使我们得以认识到一个古代造山故事的大致轮廓。为了能使基岩的声音不受约束地表达，需要我们仔细观察尚且无法用肉眼看到的细节。这就是我们携带锤子、样品袋和标记笔的原因。

　　从那些收集并运回到丹麦的样品中，我们切割出薄片，送到特殊的实验室，将其粘在载玻片上，然后打磨得与人的头发丝一样细薄。接着我们将岩石表面抛光得如玻璃般光亮。这些是光线可以穿过的"薄切片"，我们可以从中查看和记录最细微的材质和形状细节。

在显微镜下查看岩石片

　　透过显微镜观察那些细长的岩石片，一旦注意力集中在人类无法想象、肉眼也无法察觉其色彩和形态的奇妙的几何图形上，人的自我意识就消失了。这个微观领域的美和结构，是对晶格之中原子协调排列的魔法的简单表达。一小时又一小时过去了，当我们尝试解读曾经以这些矿物形式保存下来的东西时，这项事业的深刻含义就展现出来了。矿物从一种组合转变为另一种组合，被冻结成几何形状，以此保留了从未平息的演变过程，从而证明其实没有什么是业已完成的；晶面压在自己周围的邻居身上，消除了空隙存在的可能性；一连串稳定的排列相互重叠，描绘出地球深处那些不断变化的状况。

但是，重建历史不仅仅是列出时间顺序表。我们需要一种方法来确定矿物形成或其结构成熟的年代。对于已有 30 多亿年历史的岩石而言，要构建这种时间的架构，需要一台具有强大记忆力的记录仪。幸运的是，锆石就可以发挥这个功能。

锆石是主要由锆、硅和氧组成的矿物。它处在一种弹性阶段，即在地壳中层和深层岩石所经历的大多数温度和压力下都能保持稳定。它也很坚硬，可以在河床中移动数十乃至数百英里，即使被巨石和鹅卵石撞击刮擦，也能通过其晶格特有的强大黏结力来抵抗磨损。

由于那些决定锆石结构的原子的独特组合和排列方式，锆石也容易留下铀的踪迹，而铀元素几乎是所有岩石都具有的。这一简单事实使它成为重建地壳历史最重要的矿物之一，特别是在那些构造活动在多种极端条件下加热和压缩了岩石的地方。锆石中的铀以恒定速率缓慢地放射性衰变，分解成铅、钍和氦，并会随着时间积累。因此，如果测量了这些元素的浓度，就可以确定岩石的年代——锆石可以被当作地质时钟。

为了获得用于测定年代的锆石，必须将一部分样品压碎并筛分，直到可以分离出微小的锆石晶体。然后将一组晶粒装在环氧树脂盘上，进行打磨，以便暴露出晶粒的内部，之后进行分析。不可避免地，会出现一些复杂问题。当以高放大倍率观察锆石晶体时，很明显它们通常是不均匀的。它们一般都包含着看起来像树木年轮的区域，这些区域围绕着晶体的内核——记录了新锆石在旧基础上不断生长的变化状况。这些增长的条带厚度通常只有几百万分之一英寸或更小，它们目前尚不可读取，无法判断年代。

但是，即使我们无法解析出锆石中最细微的年轮，对更厚的条带的分析技术也使我们能够获取数百个单独的年代，较之以往，这样有可能更为详细地构建出地貌基岩中所记录的进化历程。

我们选来测定年代的一些样品来自我们在图纳托克岛东端发现的流动的可塑材料。通过与同事一起研读数据，我们发现其中一些岩石古老得出乎意料。很多锆石的岩心其实距今已接近34亿年之久，实际上比剪切带另一侧的整片土地还要老。这意味着有一个古老的大陆主体向北延伸得更远，但没有向南延伸。因此，这些岩石确定了消失的海洋的一个边界。

围绕着这些古老岩心的是较年轻的锆石环，许多锆石环可以追溯到大约 27.5 亿年前。这一年代符合在世界各古老大洲以及在剪切带以南的岩石中看到的一次重大激变。尽管这似乎暗示了地球上多数大洲从地幔中冒出的时间，但其意义尚不明晰。这样的证据在这片土地上发生的事情和其他地方出现的进程之间建立了对应关系——这是一个共通的标准，表明格陵兰岛的这一部分是典型的大陆型地壳。

横穿这些古老岩石的是一条形成于 18.05 亿年前含有均质锆石的堤坝，事实证明，这是该地区的决定性时期——大陆相撞的时间。

在更远的东部，1987 年被卡尔斯贝克及其同事发现的形成巨大火成岩的那些岩石，现在根据我们收集的锆石以及其他一些研究人员获得的类似年代的锆石，已经确认了时间。测得的年代证明了，在 18.75 亿年至 19.80 亿年前的整个地区，都有活跃的板块运动和类似安第斯山脉的火山活动。

通过简单的计算，一个持续 1 亿年的活跃火山系统有助于限定被吞没的海洋的大小。我们知道，今天海洋地壳下降到俯冲带的速度每年通常在一到五英寸之间。如果我们假设当时板块汇聚的速率很低，那么吞没的地壳大约为三千英里，这几乎是纽约到葡萄牙里斯本之间的距离。换言之，枕状玄武岩喷发淹没的海洋面积可能和今天的北大西洋差不多。

但枕状玄武岩的年代是否与在 18.75 亿年至 19.80 亿年前活跃的海洋盆地一致？利用同样的分析技术，我们测定了枕状玄武岩的年代，发现它们至少有 18.95 亿年的历史，这表明它们很可能是消失已久的洋底的一部分。

在变形和变质现象集中的剪切带收集的其他样品提供了不同的时期，但所有年代都处于 17.20 亿年到 18.20 亿年前的这个区间。整个造山周期持续的这 1 亿年时间与相似类型的碰撞造山带（如喜马拉雅山脉和阿尔卑斯山脉）是一致的，众所周知，这两个山系都仍处于活动状态，而且直到数百万年之后才会消失。喜马拉雅山脉始于 6000 万年前，而阿尔卑斯山脉也至少已有 3000 万年的历史。

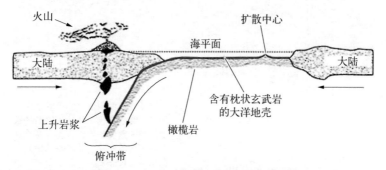

碰撞之前。大约 18.9 亿年前，参与碰撞的大陆，以及当时作为主要活动板块构造元素的俯冲带和火山系统的排列，都如图所示。超高压（ultrahigh pressure，UHP）区域刚好位于从下层枕状玄武岩和橄榄岩里上升的岩浆体所进入的区域下方，而高压（high pressure，HP）岩石应该就在这一区域之上。

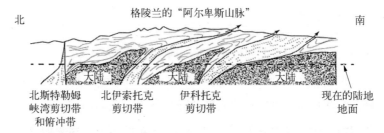

北　　　　　　　　格陵兰的"阿尔卑斯山脉"　　　　　　　南

北斯特勒姆　　北伊索托克　　伊科托克　　　　现在的陆地
峡湾剪切带　　剪切带　　　　剪切带　　　　　地面
和俯冲带

一种新的解释。大约17.2亿年前，大陆碰撞即将结束时形成的山脉系统横截面示意图。箭头指示了沿主要断层的运动，这些断层植根于我们现在辨识出的剪切带中。在碰撞之前，深色阴影部分的大陆可能曾连接在一起。组成北部大陆的最古老的大陆岩石位于北斯特勒姆峡湾剪切带左侧。变质沉积物和其他岩石由细的波浪线和折线表示。此图是凯·索伦森最初绘制的模型的修订版本。

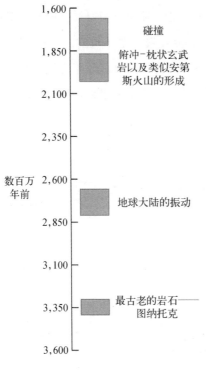

数百万年前

1,600	碰撞
1,850	俯冲-枕状玄武岩以及类似安第斯火山的形成
2,600	
2,850	地球大陆的振动
3,350	最古老的岩石——图纳托克

西格陵兰地质中保存的最重要事件的时间线。年代主要基于锆石的数据。每一段的长度包含决定各个事件的大多数年代。北斯特勒姆峡湾剪切带（NSSZ）的活动发生在碰撞的最后几百万年。作为参考，地球形成于约45.6亿年前，地球上保存最久的大陆碎片约为41亿年前。

　　我们能够对样品中的矿物质进行断代，这提供了可以详细描述岩石旅程的纪年表。使用这种方法，可以为地形的历史构建一个三维的时间模型。

　　我们用显微镜检查了那块有烧焦头发气味的岩石，发现里面充满了石榴石、橄榄石和尖晶石；它蕴含着惊人的历史，埋藏在至少四十英里深的一种高压变质环境中。在那个时候，我们还没有人想象到该地区会有岩石向下移动超过十五英里深的情况。我们撰写报告并发表论文，还查看了奥胡斯大学地下室档案馆中的更多样本，以求证实此类岩石并非神秘的异常现象。

　　在档案馆探索的过程中我们还发现了超高压的样本。几个月以来，我们检查了几十年间由一小群教师和攻读格陵兰地质学硕士和博士学位的学生收集的数千个样本。在所有这些样本中，我们发现有两个样本保留了同样埋藏深度的证据。样本来自我们工作地点以西数十英里的地方，沿着同一条罕见的岩石带，以及北斯特勒姆峡湾剪切带的北侧边缘。这两个地点的样本具有相同的特征。有点令人啼笑皆非的是，有一个样本是由凯和他的学生弗莱明·门格尔（Fleming Mengel）收集的，他们大约 40 年前曾在该地区工作过，但凯不记得收集过它了。另一个样本来自吉塞克湖（Giesecke Sø）附近的一个地点，并于 20世纪 60 年代末由当时正在攻读研究生学位的斯汀·普拉图（Steen Platou）进行了研究。那些样本成为我们收集的一系列样本的关键，它们证明该地区的一部分确实曾承受了巨大的压力：
这些部分经历了超过一百五十英里的下沉深度后又上升归来。
它们已经成为已知的最古老的样本，其中保留了岩石进入深层
俯冲带的证据；深层俯冲带是当构造板块相撞时，洋底下降到
地幔数百英里深的那部分。在这些发现之前，没有直接证据表
明这种板块构造驱动的进程发生在距今 9 亿年前的任何时间。
这些样本将年代的限制推到了至少 20 亿年前。

　　我们发现斯汀·普拉图考察的区域里的样本时，斯汀已经
是一个退休农民了，他住在丹麦奥胡斯的郊区。我们去他的农
舍探访了他，翻阅了他的笔记和地图，谈了谈他对那个地方的
记忆。最后，我们都意识到唯一明智的做法是和他一起去他曾
经田野调查的地区。于是，2012 年夏天，我们回到了斯汀独自
探寻过的地方，自他 1969 年最后一次在那里工作以后，再也无
人去过。他现在已是七十多岁了。我们花了好几天的时间在土
地上慢慢走，他是我们的向导。他喜欢笑，抽着烟斗，显然很
享受回到过去流连的地方。临近我们旅程结束的一天下午，他
骄傲地撩起衬衫向我们展示他的腰带已经不合身了——他在那
片荒野上徒步走了那么多英里，体重减轻了很多，以至于腰带
变得太大，连皮带扣的洞都不够用了。

　　斯汀和我们一起旅行几个月以后就去世了。就在高兴地绘

制我们收集数据所需的地图时，他突然中风了。他很久以前收集的样本，以及我们上次旅行时与他一起收集的样本，构成了记录独特历史的核心证据。那些数据和样本完全支持卡尔斯贝克和他的同事们的论点，即曾经在格陵兰版的安第斯山脉上存在过一个火山系统。

我们发现了一条缝合带，该缝合带划定了大陆与曾经将这些陆块分隔开来的洋底残余部分之间的边界。经过此次工作以及其他相关研究，毫无疑问，纳格苏格托克剪切带被确定为古代大陆之间磨擦碰撞结束时的最后一次主要变形，这一断裂系统很像今天喜马拉雅山脉产生的那些活动系统。该系统内包含的是稀有的岩石遗迹，这些岩石被带到地幔一百五十英里的深处后又回到了地表。它们是世界上已知的表面陆地下沉到如此深度的最古老记录——最早的已知板块构造和俯冲作用的裸露的残留物；是斯汀找到了它们。

我们乘着潮汐流而上，沿着海岸的岩石之间疾速航行，海岸在梳状水母的彩虹光芒中闪闪发亮。约翰把我们带向更远的洋流。片麻岩和片岩，事实上每一种石头的形态都环抱着水流，歌唱着令我们沉醉的过往。紧紧跟随我们的船而来的，是未来的形状：漂动的浮筒响应着每一个波峰和波谷，减速、加速，一个短暂的侧移，一次溅出水花的机会。

　　自上次探险以后，夏季的时候在我们的田野考察区域里就发现了北极熊的踪迹——这是它们此前从未出现过的地方。为了满足那些资助机构的要求，如果我们返回的时候它们还在那里，我们将不得不带上来福枪以自我保护。

　　在我的脑海之中，我又一次看到几年前在那片受侵蚀海湾上的苔原草丛里消溶的景观。我看到驯鹿的骨头在腐烂，冰层在融化，新的地面在出现。尽管消解和变化都不可避免，但荒野将依然一直静悄悄地、不可抗拒地发出召唤。

　　荒原边缘的定居点是自然界荒野故事中的标点符号。这些定居点通过带来人类的元素，塑造了情感和反应，影响了定居地的质感。它们因为处于可居住区域的边缘，所以定义了与未受破坏的景观和谐相处意味着什么。这些地方蕴含着深远的智慧。

　　一天清晨，我和约翰走在亚西亚特的街道上，寻找将为我们提供后勤帮助的其中一个人的家。他是因纽特人，是一位年长的居民，住在一个小丘上，从那里可以俯瞰迪斯科湾。他家屋顶上晾晒着最近杀死的一头驯鹿的毛皮。小房子二楼的窗框上悬挂着腌制的驯鹿肉条。几只哈士奇被拴在各自的小房子里，在即将来临的冬天，它们要拉的雪橇就立在旁边，优美的白色弧形滑板朝向天空弯曲着。

　　我们走近前门时，一种奇怪的声音从空中传来。声音有多个声部，音调从低到高缓慢变化、重复，然后从海湾滚滚而来。我转过身，眺望布满冰块的水面，但看到的只是一片点缀着白斑的蓝色的、闪烁着光芒的天空的平静倒影。就在我们到达前廊时，海湾表面爆发出三股巨浪，座头鲸张开的大嘴从浪里缓缓浮起。响亮的歌声停止了，取而代之的是通过鲸须排水的冲刷声。它们是在觅食，利用唱歌这种机制来驱赶和聚集那些它们赖以生存的小型海洋生物。

　　任务完成后，我们返回入住的海员酒店与凯会面。我们走的这条路途经沿着小港口延伸的海滩。我们在一排排白帆布搭成的摊位前停了下来，当地一些渔民在那里卖鱼和海豹肉。当我们仔细观察飞鱼、峡湾鳕鱼、北极红点鲑和一些我不知道的鱼时，一条小汽艇马达咆哮着冲进港口，在靠近海滩时油门减小下来，然后慢慢滑到了沙滩上。一个身穿齐胸黄色防水连靴裤的大块头男人走下船，拖出了几长条厚厚的深红色的海豹肉。我们看着他把肉带到一个摊位上，然后和站在桌子后面的因纽特妇女讨价还价了一番。短暂交流之后，她在摆放着的那些鱼中间为他的货物腾出了地方。他返回到那只小艇上，又带着几块鲸脂过来了，拿到货款后，他便走回小艇边，将其推入海湾，然后开动了舷外马达。随着小艇发动的轰鸣声，他站立着，驾驶着船慢慢地穿过那些在港口停泊的船只，然后加大油门咆哮而去，消失在岬角后面。

这是一幅传统的画面，是一种古老的贸易方式，它能够与野生动植物和荒野可持续地共存，数百年来几乎未曾改变。但是鳕鱼的捕捞量正在减少，鲸鱼更难寻觅，驯鹿的迁徙路线愈发不易发现，海豹种群的数量现在已经与其生态系统失去平衡。曾经艰苦却可持续的生存状况现在受到了威胁①。

然而这并不是格陵兰独有的情况；在每一片大陆上，荒野都在被消耗、侵占，依赖它的人们生活在它的边缘和怀抱之中，被迫放弃他们所珍视的东西。现代世界带着赤裸裸的傲慢，把工业贪婪的后果强加于那些它一无所知的生活方式之上。荒野和与之和谐相处的人们所遭受的灭顶之灾被合理化，这种道德沦丧令人震惊。事实上，许多人现在都很愤怒，想要寻求减轻影响的方法，这点还是让人振奋的；但其遭到的抵制非常可怕。我们所有人都理应感到的道德上的愤怒，与经济巨擘相比却似乎微不足道。

为这种经济暴行的后果雪上加霜的是，荒野在我们日常生活中的作用被弱化了。它很少见诸新闻，在政治上也极少得到考虑，而在社交媒体上的存在几乎为零。华莱士·斯特格纳

① F. Karlsen. Management and Utilization of Seals in Greenland. The Greenland Home Rule Department of Fisheries, Hunting and Agriculture, 2009, 28.

（Wallace Stegner）在 1960 年发表的极具影响力的《荒原来信》
中写道：

> 当我们年轻的时候，［荒原］对我们有益，因为它
> 无与伦比的理智可以给我们疯狂的生活带来短暂的假
> 期和休息。当我们老了，它对我们来说很重要，因为
> 它在那里——即使仅仅作为一个想法存在，都至关
> 重要。

这封信传达的信息正在凋零，但如今它的紧迫性比以往任
何时候都更加强烈。

人类以社群为基础，需要合作和分享经验。随着政治和经
济的自我利益碾压了整个世界，荒野日渐消退，我们面临着失
去它的风险，可能再无途径去往自己赖以生存的荒野。无论是
通过直接体验还是通过诗歌、艺术或歌曲，我们都必须分享和
赞颂荒野，这样才可能拯救它。居住在那里的生命——所有的
物种——都值得我们的认可和尊重，那片土地，我们的敬畏、
艺术与梦想。

术语表

斜长岩（anorthosite）：岩浆形成的岩石，由少量斜方辉石和大量斜长石组成，富含钙、钠、铝、硅等矿物。它被认为是大陆底部常见的岩石。

海湾（Bugt）：丹麦语中的海湾。

围岩（country rock）：构成地形的主要岩性，也用来描述被岩浆侵入的岩石。

狭径（defile）：地貌上具有显著特征的山谷或山口。

峡湾（fjord）：一种通常有高而陡峭的边界围墙的海湾，形成于冰谷被海水侵蚀的地方。

焚风（foehn）：在下坡侧地貌形成的一种强烈的暖风。这个名字最初用来指阿尔卑斯山的气象现象，现在也用于描述主要冰原（例如格陵兰冰盖）下坡侧形成的风。

分离（fractionate, fractionation）：一种分开的过程。在科学应用中，该术语通常适用于将一种材料（例如固体或气体）从另一种材料（例如液体）中分离出来的情况。

片麻岩（gneiss）：一种变质岩，经历了高温和高压作用，并包含不同的矿物层。片麻岩通常显示为条带状，呈不同颜色的分层。片麻岩几乎可以由经过充分加热和剪切的任何类型的岩石（火成岩、沉积岩、变质岩）形成。

背风（lee）：航行时帆船的顺风面，或海岸线、陆地、物体不受风吹的那一部分，与直接面对风的迎风面相反。

石质的（lithic）：由石头构成的。

斜方辉石（orthopyroxene）：在某些火成岩和变质岩中经高温作用形成的矿物。它主要由铁、镁和硅组成。

穹形泥炭丘（palsa）：地质学术语，指的是在潮湿或多水的区域中隆起的几英尺宽的圆形土丘。土丘的形态取决于位于泥炭丘表面以下几英尺到数十英尺的冷冻冰芯。

冰举丘（pingo）：地质学术语，指大型穹形泥炭丘，有时直径可达数百英尺。

原岩（protolith）：通过变质作用形成后期岩石的前体岩石。通常，能够识别原岩是重建早期环境或背景的有力方法。

遗迹（relict）：在地球早期就存在的特征、器物或形式。

片岩（schist）：一种变质岩，具有薄如纸的叠层和由板状或细长矿物形成的岩层。

硅线石（sillimanite）：一种白色变质矿物，一般呈细长针状。它的存在通常意味着变质岩中存在黏土或其他富含铝的物质。

回采（stope，stoping）：上覆物质被向上升起的岩浆体分离和吞没的过程。这一术语通常用于采矿业，用于去除矿井中的覆层材料，但也被用于描述有关熔融岩石（岩浆）通过地壳向上运动的过程。

俯冲（subduction）：一个构造板块下降到另一个板块之下的过程。

构造板块（tectonic plate）：地壳和上地幔在地表缓慢移动的一片区域。地球表面有八个主要的构造板块和许多较小的板块。各个板块相对较坚硬，因此，板块相互碰撞时会形成山脉系统。

苔原（tundra）：在高纬度或高海拔地区出现的寒冷无树的区域。该区域生长期短。多种天气条件的结合形成了其独特的植物群落。

孪晶（twin）：一种晶体结构，其中构成晶体的原子晶格的取向与晶体的相邻部分的取向相异。

超镁铁质岩（ultramafic）：一种岩石类型，富含铁和镁，而二氧化硅、铝、钠、钾含量低。超镁铁质岩石构成了地球的主体，是地幔中的主要岩石类型。

致　谢

　　几个世纪以来，人们一直表达着对荒野的关注，这些文学作品富含了不同的视角和个人经历，每一种都有不同的立足点。感谢其中的一些人，他们揭示了对荒野和生存进行重新反思的必要性，还有一些人在这一过程中唤起了谦卑之心，以下名单没有特别的先后顺序，遗憾的是并不完整：

　　洛伦·艾斯利（Loren Eiseley）——《漫长的旅程》（*The Immense Journey*）（1957）

　　伊利亚·普里戈金（Ilya Prigogine）——《从存在到演化》（*From Being to Becoming*）（1980）

　　弗里曼·戴森（Freeman Dyson）——《扰动宇宙》（*Disturbing the Universe*）（1979）

　　亨利·戴维·梭罗（Henry David Thoreau）——《瓦尔登湖》（*Walden*）（1854）

　　约翰·缪尔（John Muir）——《加利福尼亚州的山脉》

（*The Mountains of California*）（1875）、《我在塞拉利昂的第一个夏天》（*My First Summer in the Sierra*）（1911）、《优胜美地》（*The Yosemite*）（1912）

奥尔多·利奥波德（Aldo Leopold）——《沙郡年鉴》（*A Sand County Almanac*）（1949）

爱德华·艾比（Edward Abbey）——《沙漠纸牌》（*Desert Solitaire*）（1968）、《猴子歪帮》（*Desert Solitaire*）（1975）

罗伯特·麦克法兰（Robert MacFarlane）——《荒野之地》（*The Wild Places*）（2007）

玛格丽特·米德（Margaret Mead）——《萨摩亚人的成年》（*Coming of Age in Samoa*）（1928）

雷切尔·卡森（Rachel Carson）——《寂静的春天》（*Silent Spring*）（1962）

冈特兰·德·庞辛斯（Gontran de Poncins）——《卡布鲁纳：与因纽特人为伴》（*Kabloona: Among the Inuit*）（1941）

彼得·马蒂森（Peter Matthiesen）——《雪豹》（*The Snow Leopard*）（1978）

加里·斯奈德（Gary Snyder）——《砌石与寒山诗》（*Riprap and Cold Mountain Poems*）（1959）、《龟岛》（*Turtle Island*）（1974）、《禅定荒野》（*The Practice of the Wild*）（1990）

巴里·洛佩兹（Barry Lopez）——《北极梦》（*Arctic*

Dreams）（1986）

罗克韦尔·肯特（Rockwell Kent）——第一位为西方观众画格陵兰的画家（The first to paint Greenland for a Western audience）

华莱士·斯蒂格纳（Wallace Stegner）——《安息角》（*Angle of Repose*）（1971）

约翰·斯坦贝克（John Steinbeck）——《科尔特斯海航行日志》（*The Log from the Sea of Cortez*）（1951）

亨利·贝斯顿（Henry Beston）——《遥远的房屋》（*The Outermost House*）（1928）

E·O·威尔逊（E. O. Wilson）——《论契合》（*Consilience*）（1998）

安妮·迪拉德（Annie Dillard）——《溪畔天问》（*Pilgrim at Tinker Creek*）（1974）、《教顽石开口》（*Teaching a Stone to Talk*）（1982）

格雷特尔·埃里希（Gretel Ehrlich）——《开放空间的慰藉》（*The Solace of Open Spaces*）（1985）、《岛屿，宇宙，家园》（*Islands, the Universe, Home*）（1991）、《这个冰冷的天堂》（*This Cold Heaven*）（2001）

艾尔莎·马利（Elsa Marley）——《蓝冰系列》（*Blue Ice Series*）（2009）和其他宏伟的画作。

泰莉·坦贝斯特·威廉姆斯（Terry Tempest Williams）——

《避难所》（*Refuge*）（1992）、《当女人变成鸟》（*When Women Were Birds*）（2012）、《大地时刻》（*The Hour of Land*）（2016）

感谢凯和约翰，他们多年前开启了格陵兰岛的冒险之旅，并邀请我参与其中，他们对于生命和这片地方始终抱有的热忱使阿尔法小队得以实现。他们的热情、爱心和诚实极好地服务了我们的队伍以及他们从事的科学事业。感谢格陵兰岛人民，他们传承了一种文化，这种文化可以深刻而密切地认可并尊重他们赖以生存的荒野世界中的奇观和力量。尽管受到来自外界的种种压力，他们仍然不懈抗争以坚持自己的方式，这应该激励我们每个人比现在的自己做出更多努力。感谢露西娅·米尔本（Lucia Milburn），彼得·塞特尔（Peter Seitel）和约翰·温特（John Winter）在我的第一次探险中陪伴着我。

深深感谢凯瑟琳·图罗克（Katharine Turok），她那透彻、深刻而敏锐的编辑意见使得一份手稿变成了一本书。她带着无限的耐心和优雅引领一个新手走过了广袤的写作大地上的一小段路。感谢道恩·拉斐尔（Dawn Raffel），他提供的指导滋养了这本书，并助其不断完善。埃里卡·高德曼（Erika Goldman）的耐心和不懈的编辑工作引领此书趋向成熟，我永远感激不已。卡洛·爱德华兹（Carol Edwards），感谢您为厘清和提炼文本意图所做的非凡贡献。感谢我的经纪人马拉加·巴尔迪

（Malaga Baldi），你的坚持不懈和莫大鼓励为这本书找到了一个家。此外，还要感谢伊莱娜·罗森塔尔（Elana Rosenthal）和莫莉·米科洛夫斯基（Molly Mikolowski）的专注和敏锐的洞察力。

对于卡罗琳·费克斯（Carolyn Feakes），我对她无限的耐心表示最衷心的感谢，因为她天天忍耐着我无休止地费力寻找想说的话。感谢萨宾娜·托马斯（Sabina Tomas）、玛莎·希克曼·希尔德（Martha Hickman Hild）、安娜玛丽·迈克（Annemarie Meike），露西娅·米尔本（Lucia Milburn）和德克·西格勒（Dirk Sigler）这些年来为这本书不断完善的各版慷慨贡献了自己的时间，提供了见解以及评论。还要感谢缅因州巴尔港大西洋学院的师生们参与并丰富了有关荒野及其价值的讨论。

美国国家科学基金会（U. S. National Science Foundation）、丹麦研究委员会（Danish Research Council）、格陵兰地质调查局（Greenland Geological Survey，GGU）以及丹麦和格陵兰地质调查局（Geological Survey of Denmark and Greenland，GEUS）在不同时期为我们多年来在格陵兰岛进行的研究提供了资金。感谢这些组织的支持。

引用来源注释

［1］凯瑟琳·拉森（Katherine Larson），《日光室》（*Solarium*），《径向对称》（*Radial Symmetry*）（耶鲁大学出版社，2011）。

［2］艾伦·瓦茨（Alan Watts），《云层隐藏，方向不明：一本山地日记》（*Cloud-Hidden, Whereabouts Unknown: A Mountain Journal*）（古董图书，1974）。

［3］乔治·班克罗夫（George Bancroft），《人类进步的必要性、现实和前景：1854 年 11 月 20 日在纽约历史学会发表的演说》（*The Necessity, the Reality, and the Promise of the Progress of the Human Race: Oration Delivered Before the New York Historical Society*）（纽约，1854）。

［4］约翰·斯坦贝克（John Steinbeck），《科尔特斯海航行日志》（*The Log from the Sea of Cortez*）（企鹅经典，1951）。

［5］巴里·洛佩兹（Barry Lopez），《北极梦》（*Arctic Dreams*）（斯克里布纳，1986）。

［6］约翰·缪尔（John Muir），《我在塞拉利昂的第一个夏天》（*My First Summer in the Sierra*）（霍顿·米芬，1911）。

[7] 阿尔弗雷德·丁尼生（Alfred Lord Tennyson），《悼念》（一二三）（Canto 123，*In Memoriam A. H. H.*）（伦敦，1850）。

[8] 安妮·迪拉德（Annie Dillard），《教顽石开口》（*Teaching a Stone to Talk*）（哈珀·柯林斯，1982）。

[9] 洛伦·艾斯利（Loren Eiseley），《浩瀚的旅程：一位富有想象力的自然主义者探索人与自然的奥秘》（*The Immense Journey: An Imaginative Naturalist Explores the Mysteries of Man and Nature*）（兰登书屋，1957）。

译后记

格陵兰，于我们而言，是一片遥远又神秘的大地。几位地质学家却多次深入其中，从岩石中寻找最细微的线索，试图还原地貌的来历，追溯地球历史的故事。本书的作者威廉·E. 格拉斯利（William E. Glassley）就是这支小队的一员，身为加州大学戴维斯分校的教授，同时也是丹麦奥胡斯大学的名誉研究员，他专注于研究大陆演化的历程。虽然之前发表的都是大量学术论文与教材，《荒野时光》却是他写给大众读者的第一本书。即便你对地质学一无所知，也不用担心书中有太多的专业术语和理论会带来阅读障碍，本书写作的重心其实是作者身处荒野，在与世隔绝的旅程中的所见所思与所感，它更像是关于荒野的一首抒情诗。

这本书并不长，虽然是科学考察的手记，但绝不是按照日期排列的流水账，而是一种碎片化的集合，融合了作者先后六次探访格陵兰的经历。蜃景、鹿蕊、鱼之河、冰、海豹，一个个独立的主题关键词拼凑起来，勾勒出让我们望向远方天地的一扇窗。也正因如此，这是一本随时可以捧起读上几页的小书，让人在某个片刻从现实生活的重压或是琐碎中抽离出来，跟随地质学家们逃往那个纯净的野性世界。当然，作为科学考察的记录，书中记述的对象无疑都是客观的存在：远在北极圈之内的动物植物，各种各样的岩石形态构造，乃至天气与海浪的变化。可另一方面，书中的叙述方式又是主观而私人化的。你会发现，作者对于眼前的万物都倾注了深切的情感，会在初遇荒野时被震撼到流泪，会为无意惊扰了鸥鹄一家而内疚，也会满心好奇地品尝苔藓的滋味。全书按照印象划分的四章，就是作者个人思考与感情的蒙太奇。

　　翻译这本书是一个愉悦的过程。其实几年前我就曾译过一本关于南极的纪实作品，这次转到了北极，也算是机缘巧合下的圆满。不过，同为极地日志，那本书是一个世纪前探险家的克制而平实的自述，记录了沉船遇险后探险家依靠坚忍勇气求生的传奇经历；而《荒野时光》是截然不同的视角与风格，作者虽是科学家，整本书的写作却极为细腻和敏感。苔藓，鸟鸣，奔流的鱼群，擦肩而过的游隼，脚下花丛的香气，这些日常总是被忽视的东西变成了作者意想不到的关注点，其字里行间皆是面对自然的谦卑，以及关于人类生存的冷静思考，当然还有对于科学争议严谨考证的态度。翻译时，不乏专业知识的查证和需要推敲良久的英汉表达差异，但更多时候还是惊讶于文字中流淌的诗意。面对原始的壮美，语言常常显得太过贫乏。可作者还是凭借想象力和精妙的修辞带来了极具画面感的描写：像是巨人画家挥毫而就的蓝色海市蜃楼，哨兵般的白色羊胡子草，跳着芭蕾舞的栉水母，海妖塞壬吟唱似的鸟鸣，就连最普通不过的苔藓水洼也被比作了隐形生物的冥想花园。各种非虚构文学和科普作品我陆续读过一些，笔调如此文艺的还并不多见。作为一名译者也是翻译学研究者，在此只希望尽可能做到"隐身"，力求还原作者的意蕴，不辜负原文，更不致辜负荒野的美。

翻译到了尾声的时候，忽然赶上了新冠疫情的爆发。无法出门的日子里，这本书变成了意外的慰藉，就算拘于一室，也可以慢慢修改译稿，跟随着文字踏上旅程。就在整个世界慢下来的那段时间，看到诸多新闻，一边是两极冰山不断融化，北极熊流离失所，面对人类的肆意破坏，野性世界在一寸寸地退却。然而另一边，许多曾经游人拥挤的旅行胜地，在封闭后忽然又恢复了天蓝水清的状态，连野生动物也现了踪影。这无疑是被人类活动侵占已久的自然力量的反击。的确，人与自然究竟应该如何维系共生关系，经济利益与生态保护之间要怎样权衡，听起来像是老生常谈了，但这正是作者写下本书的初衷。无须任何说教，书中呈现的那些景观变迁印迹就足以让人深思。

从地质学角度观之，相较于地球 40 多亿年历史的时间轴，人类的出现显得太过短暂，实在是微不足道。置于地球演化的宏大背景之下，探寻生命和存在的问题，也有着不一样的现实意义。诚如书里所说，荒野，是我们寻根的源头，也是我们心灵的寄托，人们不应赌上失去它的风险。或许，人类还是应该少一些征服者的傲慢，真正去尊重和关注这个正面临威胁的自然世界。

也许，待到疫情结束那天，我会带上这本小书，订一张飞往亚西亚特的机票，去到荒野的边缘，带着敬畏之心，感受那一份纯粹的广阔与寂静。

彭 颖

2021 年 6 月